船の文化検定 ふね検 試験問題集 初級

監修　船の文化検定委員会

はじめに

この度は本書をご購入いただき、誠にありがとうございました。

船の文化検定（以下「ふね検」と略称）は、四方を海に囲まれたわが国の国民生活と、長く、深い関わりをもつ「船」をテーマに、船に関する知識の探求はもとより、広く海洋思想の普及を願って創設されたものです。

本書は、「ふね検」検定試験に出題されるであろう設問と解説をまとめたものです。船に関する情報は、それこそ木をくり抜いた丸木舟から、近代科学の粋を集めた大型船にいたるまで、多種多様にわたっております。本書では大きく、1.船の歴史（日本編・世界編）、2.船の文化・慣習、3.船の仕組み、4.船の運航、5.船の遊びの五つの分野に分けて編纂《へんさん》されております。

読者の皆様におかれましては、本書を基に船の文化・知識を学んでいただき、さらなる船文化の世界への勉学、探求のきっかけとなっていただければ幸いです。

船の文化検定委員会

ふね検の試験内容について

1 検定試験の種類

初級：比較的初歩的な問題で、必ず最初に受検する必要があります。
中級、上級：初級に比べ専門的またはマニアックな問題が含まれます。

※ 中級と上級は同一問題で、初級合格者を対象に行います。
中級、上級の合格は、正解率によりそれぞれの合格を決定します。

2 受検資格：どなたでも受検できます。

3 出題ジャンル（初級問題、中・上級問題共に）

（1）船の歴史（日本編、世界編）	10問
（2）船の文化・慣習	10問
（3）船の仕組み	10問
（4）船の運航	10問
（5）船の遊び（知識・題材）	10問

4 出題数：初級問題、中・上級問題共に50問

5 試験時間：1時間

6 合格基準：初級　初級問題で行い、正解率70%以上
：中級　中・上級問題で行い、正解率80%以上
：上級　中・上級問題で行い、正解率90%以上

7 問題集からの出題：検定試験問題の75%程度が問題集から出題されます。

検定試験受検の申し込みおよび問い合わせは

船の文化検定委員会

〒162-0842
東京都新宿区市谷砂土原町2-7-19 イマス市ヶ谷田中保全ビル
財団法人 日本海洋レジャー安全・振興協会内
TEL.03-5229-8531 FAX.03-5229-8530
http://www.jmra.or.jp

CONTENTS
目次

CONTENTS
目次

1

船の歴史・種類

［日本編・世界編］

丸太をくり抜いて、乗ったところから
船の歴史は動き始めました。

1 江戸時代まで

問題1-1

江戸時代から明治時代にかけて、蝦夷地《えぞち》の幸を上方《かみがた》にもたらした廻船《かいせん》、北前船《きたまえぶね》。では、主にどのような航路を通ったでしょう。

1. 大坂～潮岬～東海道沖～東北沖～蝦夷
2. 大坂～四国沖～九州西岸沖～日本海～蝦夷
3. 大坂～瀬戸内海～関門海峡～日本海～蝦夷
4. 大坂～淀川《よどがわ》～琵琶湖《びわこ》（陸路）若狭～日本海～蝦夷

解説

北前船

江戸時代、瀬戸内海、日本海を通って大坂と蝦夷地を結ぶ西廻《まわ》り航路が確立し、ここを走る廻船を北前船と呼びました。太平洋を通る東回り航路のほうが距離的に近そうですが、黒潮の影響で航海が難しく、西回りのほうが荷物を安く運ぶことができたことから、こちらの航路が盛んに利用されました。

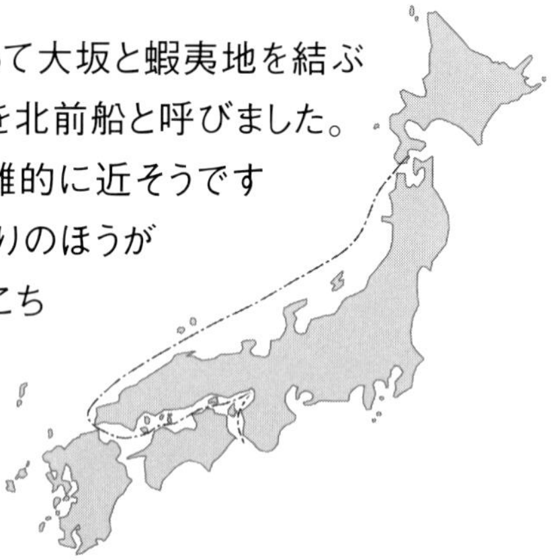

北前船には、当時、貨物船として広くつかわれていた「弁才船《べざいせん》」が使われ、北陸や東北の木材や米穀、蝦夷地の干魚やコンブなどの海産物が上方に運ばれました。また、上方からは塩、砂糖、反物などの雑貨が北の地に向かいました。

なぜ北前船と呼ばれたかについては諸説ありますが、北前が日本海の意味で、ここを走る船だから、というのが一般的なようです。

［正解］3

問題1-2

江戸時代に、上方《かみがた》と江戸を行き来した樽廻船《たるかいせん》。単一の貨物を運ぶことで積込みの合理化を図り、輸送時間の短縮を実現しました。では、その貨物とは何でしょう。

1. 石炭　2. 清酒　3. 味噌　4. 塩

解説

樽廻船

江戸時代、上方（畿内《きない》地方）で生産され、大消費地である江戸へ運ばれて消費されるものを「下《くだ》りもの」といいました。その中でも伊丹《いたみ》や灘《なだ》で作られる「下り酒」は代表的な商品で、江戸中期頃までは木綿《もめん》や醤油《しょうゆ》などとともに海路、菱垣廻船《ひがきかいせん》で江戸へ送られていました。

酒は腐敗しやすく、輸送時間をいかに短縮するかが重要でしたが、多様な荷を乗せる菱垣廻船は出帆するまでに長い日数を必要としました。これに不満を持った酒問屋が、享保15年（1730年）に酒専用の樽廻船問屋を結成し、以降は樽廻船として酒荷だけで送られるようになりました。

樽廻船は、弁才船と呼ばれる和船の一種で、単一の商品（清酒）のみを取り扱い、樽の寸法を一定にしたため、積込みの合理化が図られ、輸送時間の大幅な短縮を実現しました。

余談ですが、将軍の御膳酒《ごぜんしゅ》に指定された伊丹酒で、今なお銘柄の残る「剣菱《けんびし》」も下り酒の一つでした。

［正解］2

問題1-3

江戸時代、内部に浴槽を設け、港の船や川筋に漕《こ》ぎよせて船頭さん相手に有料で入浴させたこの小船を何というでしょう。

1. 洗船
2. 浴船
3. 涌船
4. 湯船

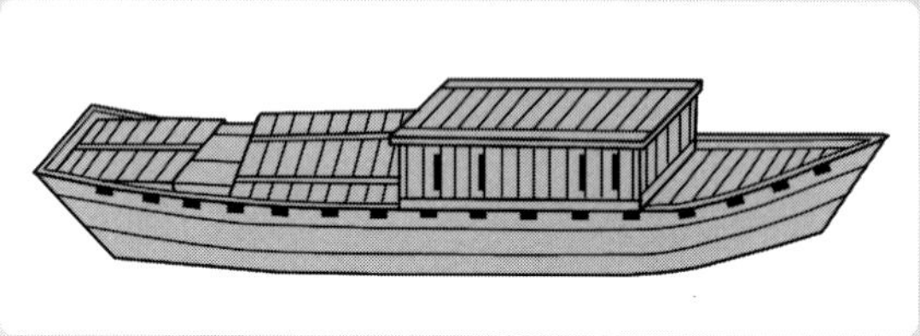

解説

湯船

江戸時代の江戸のまちは、川や運河が縦横に走り、今以上に水上交通が盛んでした。そこで働く人々のために、河岸《かし》には船に湯桶《ゆおけ》を組み込んだ、移動式の銭湯がありました。これを湯船といいます。湯船は河岸を行く旅人のためというよりは、旅人や荷物を運ぶ船頭さんが利用するためのものでした。

蒸し風呂が主流であった銭湯が現在のような湯に浸かるスタイルに変わっていくのに伴い、湯船は廃れていきますが、言葉だけは残り、現在でも使われる「ゆぶねにつかる」のゆぶね（＝湯船）は、ここから来ています。

［正解］ 4

② 開国以降太平洋戦争まで

問題2-1

安政7年（1860年）、日米修好通商条約の批准書を交換するために、日本初の遣米使節団がアメリカの軍艦に乗って太平洋を渡りました。この軍艦に随行した、勝海舟を艦長とする幕府の軍艦の名称は何でしょう。

1. 千代田丸　2. 咸臨《かんりん》丸　3. 開陽丸　4. 富士山丸

解説

日米修好通商条約と咸臨丸

嘉永7年（1854年）、日米和親条約の締結により、200年以上続いた鎖国の時代が終わりました。その後も米国は新たな港の開港や自由貿易などを日本に求めましたが、孝明天皇がこれに強く反対したため、幕府は天皇の許可を得ないまま、安政5年（1858年）に日米修好通商条約に調印しました。

その2年後、互いの条約批准書を交換するために遣米使節団一行が軍艦〈ポーハタン〉号に乗って渡米しますが、このとき同艦に随行したのが〈咸臨丸〉です。艦長は勝海舟、他にジョン万次郎や福澤諭吉も同乗していました。

もっとも勝は激しい船酔いのため任務を果たせず、実質的に艦を指揮していたのは米国海軍のブルック大尉であったともいわれています。

［正解］2

問題2-2

日本で最初の蒸気船どうしの衝突事故は、慶応3年（1867年）4月、瀬戸内海は備中鞆《とも》の浦で起きた、〈明光丸〉と〈いろは丸〉によるものです。この事故に対し、国際公法を盾に明光丸の持ち主である紀州藩に莫大《ばくだい》な損害賠償金を支払わせた人物は誰でしょう。

1. 勝海舟　　2. 西郷隆盛　　3. 中岡慎太郎　　4. 坂本龍馬

解説

坂本龍馬と海援隊

幕末の時代、坂本龍馬はかねてから国際社会に目を向けており、土佐藩を脱藩して他者とともに長崎で貿易結社・亀山社中を結成します。その後、龍馬は土佐藩と和解し、亀山社中は海援隊に改編されます。

海援隊が賃借した伊予大洲藩《いよおおずはん》の所有船〈いろは丸〉は、諸藩に売るための武器類を積んで瀬戸内海を航行中、反航してきた紀州藩の〈明光丸〉と衝突しました。

龍馬は事故があった鞆の浦近くの鞆港にて損害賠償交渉を行いましたが、当時、この「いろは丸事件」のような蒸気船どうしの衝突事故の判例がなかったため、交渉は難航しました。そこで、交渉の舞台を長崎に移した後、土佐藩が乗り出し、英国海軍に公平な判断を仰ごうとしましたが、紀州藩はこれを拒否。最終的には両藩の領袖《りょうしゅう》による会談により、紀州藩は7万両もの賠償金を支払うこととなりました。

［正解］4

問題2-3

江戸時代の末期、ペリー率いるアメリカ合衆国の海軍艦隊が浦賀沖にやって来た事件は、黒船来航と呼ばれています。では、この海軍艦隊を「黒船」と呼んだのはなぜでしょう。

1. タールで船体を黒色に塗っていたため
2. 煙突から黒煙をもうもうと立てていたため
3. 艦隊を一目見ようと黒山の人だかりができたため
4. ペリーを乗せた軍艦の船名が〈ブラック〉だったため

解説

黒船

嘉永6年（1853年）7月、ペリー率いるアメリカ合衆国の海軍艦隊が、大統領の国書を携え、開国と通商を目的として浦賀沖に来航しました。

ペリー艦隊は、軍艦4隻からなり、旗艦〈サスケハナ〉は、当時の千石船（排水量200トン）の約20倍近い大きさがありました。また、その木造の船体には、防腐、防水のため、黒いタール（石炭などから作る黒くネバネバした液体）が塗ってありました。このことから黒船と呼ばれるようになりました。

大統領の国書を手渡した後、翌春、再度来航することを言い残していったん引き上げたペリー艦隊は、翌年2月、今度は9隻の大艦隊を率いて江戸湾に来航し、「日米和親条約」を締結して4月に江戸湾を去って行きました。

［正解］ 1

3 現代

問題3-1

日本にヨットが伝わったのは明治期といわれています。明治15年に、後に司法大臣を務めた金子堅太郎の子息がヨットを建造してここで楽しんだ、として「日本ヨット発祥の地」の碑が建っている港はどこでしょう。

1. 神奈川県葉山町・鐙摺港《あぶずりこう》
2. 福岡県福岡市・博多港
3. 山口県下関市・関門港
4. 兵庫県神戸市・須磨港

解説

日本におけるヨットの草創期

日本にヨットが伝わったのは明治期といわれています。幕末の文久元年（1861年）、外国人が多く集まっていた長崎で、英国人貿易商オルトが60ftのスクーナー〈ファントム〉号を造ったのが、日本にヨットが伝わった始まりとされています。しかしこのときのオーナーはあくまで外国人。日本人では明治15年に、後に司法大臣を務めた金子堅太郎の子息が、ヨットを建造して神奈川県葉山町の沖でヨットを楽しんだとされています。その記念碑が同町・鐙摺港に建立されています。

［正解］ 1

問題3-2

若者に人気の水上オートバイ。日本でこの原型を開発したのは、どのオートバイメーカーでしょうか。

1. ホンダ
2. ヤマハ
3. スズキ
4. カワサキ

解説

ジェットスキー

カワサキの水上オートバイの名称。1971年、アメリカ人ジェフ・ジャコブスが「エキサイティングで新しいレクリエーショナル・ウォータークラフトを商品化してほしい」とカワサキモータースコーポレーション・アメリカの販売会社にアプローチしてきたのが原点といわれています。

1973年、最初の市販モデル「JS400」が登場しました。スタンディングタイプ（艇上に立って、上下可動式のハンドルを持って操船する）の基本デザインは、水上オートバイの主流がシッティングタイプ（シートに座って操船する）になった現在でも、フリースタイル競技などで使われるモデルに継承されています。なお世界レベルで見ると、1967年にカナダのボンバルディエ社が発売した「シードゥー」が、やはりジェット推進装置を備えた水上オートバイのルーツ的な存在として知られています。

［正解］ 4

問題3-3

平成21年4月に進水予定の第4代南極観測船（砕氷艦）。船名は、〈しらせ〉になりました。では、歴代の船名を古い順に並べたものはどれでしょう。

1. しらせ　→　宗谷　→　ふじ　→　しらせ
2. 宗谷　→　ふじ　→　しらせ　→　しらせ
3. ふじ　→　宗谷　→　しらせ　→　しらせ
4. ふじ　→　しらせ　→　宗谷　→　しらせ

解説

南極観測船

日本の南極観測船の歴史は、昭和13年に進水した〈宗谷〉から始まります。耐氷型貨物船として建造された〈宗谷〉は、南極観測船に転用されて昭和31年から6次にわたる観測に従事した後、昭和37年に南極観測の任務を後継の〈ふじ〉に譲りました。初めから南極観測船として建造された〈ふじ〉は、18次もの観測に従事し、昭和58年に三代目の〈しらせ〉にバトンタッチしました。〈しらせ〉は、25年もの長きにわたって活躍し、平成21年に後継の〈しらせ〉にその任を譲ります。

南極観測船は通称で、海上保安庁の所属だった初代〈宗谷〉は、正式には砕氷船といい、海上自衛隊の所属となった〈ふじ〉以降は、砕氷艦が正式名称です。

［正解］2

4 種類（商船）

問題4-1

日本一の高速フェリー、JR九州高速船の運航するジェットフォイル〈ビートル〉。福岡と釜山《ぶさん》を2時間55分で結ぶその最高速は、いったいどれくらいでしょう。

1. 29ノット（54km/h）
2. 37ノット（69km/h）
3. 45ノット（83km/h）
4. 53ノット（98km/h）

解説

ビートル

ジェットフォイル〈ビートル〉は、JR九州高速船株式会社が平成3年3月にJRグループ初の国際航路として福岡・博多と韓国《かんこく》・釜山間に就航させた高速水中翼船です。

航空機用の3,800馬力ガスタービンエンジン2基を装備した〈ビートル〉は、水中翼を海中に立て、毎分180トンの水を吸入して噴射させるウォータージェットの強力な推進力により、最高45ノット（約83km/h）という船舶としては破格のスピードで船体を海面から浮き上がらせて走ります。

これにより、博多港～釜山港間200km強を2時間55分で航行することが可能になりました。ちなみに、同区間を走るフェリーでは、12時間40分もかかります。

［正解］3

問題4-2

函館〜青森間を2時間で結ぶ日本最速のカーフェリー〈ナッチャンRera〉。船名となったナッチャンの由来は何でしょう。

1. 函館出身の有名演歌歌手の歌詞に出てくる女性の名称
2. 船体のイラストをデザインした京都の小学生の愛称
3. フェリーを運航する会社の社長令嬢の愛称
4. 津軽海峡に伝わる伝説の女神の名称

解説

ナッチャンRera

〈ナッチャンRera〉は、平成19年9月に東日本フェリー株式会社が津軽海峡の青《せい》函《かん》航《こう》路《ろ》に就航させた、日本最速のカーフェリーです。また、双胴型高速旅客フェリーとしては世界最大級といわれています。

建造にあたり、「海」や「自然」、「人との共存」をテーマに船体塗装のデザインを一般公募したところ、京都市在住の小学生のデザインが選ばれました。この小学生の愛称が「ナッチャン」であったことから、これとアイヌ語で風という意味の「Rera」を合体させて〈ナッチャンRera〉と命名されました。

[正解] 2

問題4-3

横浜市の山下公園に係留中の〈氷川丸〉。昭和5年に建造され、数奇な運命をたどってきました。では、氷川丸が実際にはならなかったものはどれでしょう。

1. 米国との北太平洋航路の貨客船就航競争の一環として定期旅客船となる
2. 太平洋戦争中に日本海軍に徴用され、南太平洋へ航行する病院船となる
3. 横浜港開港100周年記念事業として横浜港に係留されユースホステルとなる
4. 北太平洋水域の漁獲物を大量に輸送するため、北洋さけます漁業の母船となる

解説

氷川丸

昭和初期、急増する貨客船需要に対し、日本郵船が、北太平洋航路向け定期旅客船として建造した6隻のうちの1隻が〈氷川丸〉です。

昭和16年に在米日本資産の凍結に伴い運航を中止し、海軍に徴用されて、病院船へ改装されました。大戦中は主にパラオなどの南方で活動し、三度も機雷に接触しましたが沈没することもなく、終戦を迎えました。戦後は復員船に使用された後、昭和28年にはシアトル航路に再就航しましたが、船齢30年となる昭和35年に引退しました。

引退後は横浜港開港100周年記念事業としてユースホステルへの改装工事を受け、横浜港に係留されました。その後、一度の閉鎖を経ましたが、現在も横浜港山下公園にて一般公開されています。なお、平成15年には横浜市指定有形文化財に指定されています。

［正解］4

5 種類（官船・小型船・漁船）

問題5-1

沖縄の漁師が使うこの舟。操縦の難しさからだんだん廃れてしまいましたが、この舟の伝統を継承しようと、近年はこれを使ったレースも行われています。では、この舟の名称は何でしょう。

1. ポラッカ
2. ベンタ
3. カッター
4. サバニ

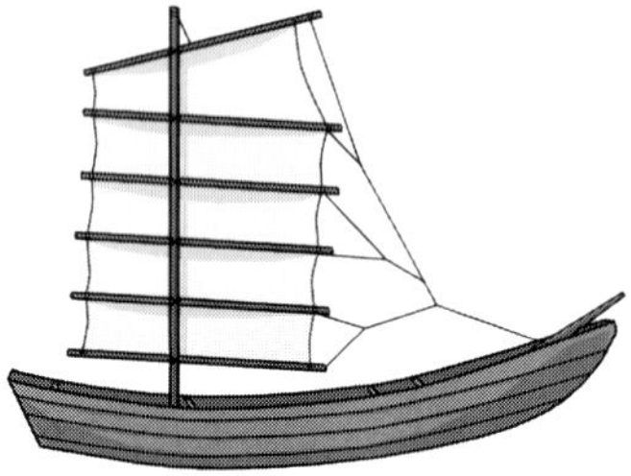

解説

沖縄の船

沖縄には、本島北部の山原《やんばる》港から木材や炭、薪《まき》などを南部へ運び、帰りには生活物資を運んだとされる山原船（マーラン船ともいう）のように、沖縄の海の環境が育《はぐ》くんだ独特の船があります。サバニもそのひとつで、船底が平らになっており礁湖内など浅瀬も航行できるように工夫されています。長さは5〜10mで、古くから沖縄の漁師が使っていました。エークと呼ばれる櫂《かい》を使って推進したり、エークを舵《かじ》代わりに使い四角帆で帆走したり、近年はエンジンでも航行しますが、特に帆走時の操船は難しいとされています。サバニ文化の普及継承を目的に、平成12年から「サバニ帆《はん》漕《そう》レース」が毎年6月に開催されています。

［正解］4

問題5-2

日本の誇る大深度有人潜水調査船〈しんかい○○○○〉。現在、海洋研究開発機構が所有、運用しているものは、世界中の潜水調査船の中で一番深く潜ることができ、船名もその深さに由来します。では、○○○○に相当する水深何mまで潜れるのでしょう。

1. 2,000m　2. 4,500m　3. 6,500m　4. 9,000m

解説

有人潜水調査船

現在運航している有人潜水調査船としては、世界で最も深く潜ることができるのは日本の〈しんかい6500〉です。その名の通り、水深6,500mまで潜ることができます。全長9.5m、幅2.7m、高さ3.2m、空中では重さ約26トンもあります。内径2.0mの球状の船内（耐圧殻）にはパイロット2名と研究者1名の計3名が乗ることができます。最大速力は2.5ノット。通常潜航時間は8時間ですが、事故があった場合を想定してライフサポート時間は129時間あります。平成2年の完成以来、日本近海に限らず、太平洋、大西洋、インド洋などの海域で海底調査を行ってきました。ちなみに平成19年は通算1,000回潜航しました。

［正解］3

問題5-3

凧《たこ》の原理を利用して、船を横に流しながら網を引く帆引き網漁。現在は観光用として親しまれています。では、この漁法の発祥の地とされる湖はどこでしょう。

1. 霞ヶ浦《かすみがうら》　2. 琵琶湖《びわこ》
3. 宍道湖《しんじこ》　4. 浜名湖

解説

帆引き網漁

袋状の網を海中で引く漁法を曳《ひ》き網漁といいます。曳き網漁には打《うた》瀬《せ》網漁《あみりょう》や手繰網漁《てぐりあみりょう》などいくつかあります。霞ヶ浦で昔から伝わる帆引《ほび》き網漁《あみりょう》は、この打瀬網漁のひとつに分類されます。帆を使い風の力を利用して船を横に流す漁法としては他の地域の打瀬網漁と同じなのですが、大きく異なる点は、帆引き船の場合は、そのつり縄が帆げたからも延びている点にあります。このつり縄を利用した帆引き船のメカニズムは、明治13年に旧霞ヶ浦町の折本良平がシラウオ漁を目的に考案したものです。その後、ワカサギ漁の主役として昭和42年まで約100年間にわたり、霞ヶ浦の漁業を支えてきました。

［正解］1

6 船の発明・古代・中世

問題6-1

古代から船は文明の発達に大きな役割を果たしてきました。では、現在記録に残っている最古の船の発祥地と使われた材料の組み合わせはどれでしょう。

1. ナイル川 ………………………… パピルス
2. チグリス／ユーフラテス川 ……… バルサ
3. インダス川 ……………………… 丸太
4. 黄　河 ………………………… 竹

解説

最古の船

歴史の見方の一つである世界4大文明（エジプト文明、メソポタミア文明、インダス文明、黄河文明）は、すべて大きな川の近くで繁栄しました。これらの水辺で生活していた古代の人々は、最初は自らが浮かぶためだけの、丸太や獣の皮でできた浮き袋を利用しての狩猟でしたが、漁業範囲の広がりや交易の必要性から、水の上で人間や交換物が濡《ぬ》れることのない乗り物として船が誕生しました。

古代エジプトでは、土地柄、木材は貴重品でした。紙の原料でもあったパピルスは、木材にくらべ、豊富に入手でき、かつ簡単に細工ができたことから、船の原料として使用されていました。このパピルス製の小船が古代エジプト王朝の墓の壁画に描かれ、おそらく現在確認できる最古の船の記録とされています。

［正解］1

問題6-2

長さ130m以上もある巨大なものであったとされる「ノアの方舟《はこぶね》」。その長さ、幅、高さの比率は、現代のタンカーなどでも採用される最も安定がよいものと同じであったといいます。では、その比率とはどれでしょう。

1. 35：4：3　2. 30：5：3
3. 25：4：2　4. 20：5：2

解説

ノアの方舟

旧約聖書の「創世記」に登場するノアの方舟は、大洪水を起こしてこの世を一掃しようと考えた神が、信仰心の厚いノアとその家族を助けようとして造らせた船です。

ノア（当時600歳）は、神から、長さ300キュビト、幅50キュビト、高さ30キュビトの船の作成を告げられ、100年かけて方舟を製作しました。

この「長：幅：高＝30：5：3」の比率は、造船界では、タンカーなどの大型船を造船する際に最も高い安定性と強度をもつことから「黄金比」などと呼ばれています。

ちなみに、神から言われた方舟のサイズは1キュビトを約44.5cmとして換算すると、およそ長さ133.5m、幅22.2m、高さ13.3mとなります。

［正解］2

問題6-3

地中海において、紀元前から1,000年以上にわたり活躍し、紀元前5世紀ごろのギリシャにおける三橈漕船《さんどうそうせん》の戦艦が特に有名なこの船は何でしょう。

1. コッカ船
2. ハルク船
3. ガレー船
4. コッグ船

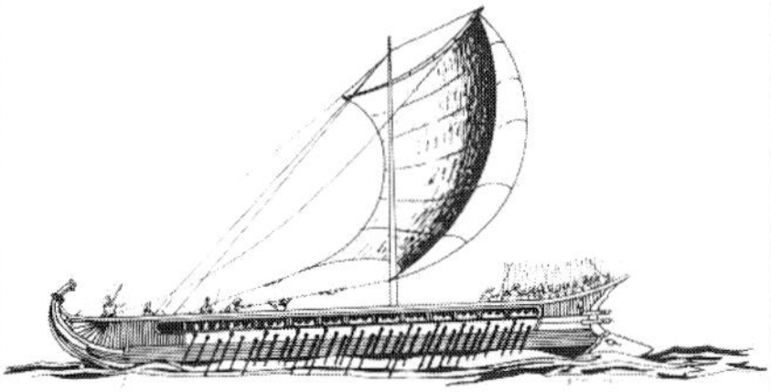

解説

ガレー船

ガレー船は古代地中海で生み出され、大砲が発明される17世紀の終わりごろまで軍艦としてヨーロッパ各地で使われました。その発祥は、地中海に面したエジプト人や、彼らから地中海の制海権を引き継いだアルファベット発明者のフェニキア人など諸説あります。

ガレー船は、地中海の安定しない風に対応するため、帆走とオールによる人力航行の両方が可能でしたが、大勢の漕ぎ手を必要とするため荷を多くは積めないことから、漕ぎ手に兵士を起用した戦闘用の船の主流となります。速力を出すためのオールは複数段に増え、上下3段のガレー船を三橈漕船と呼びます。

軽量な軍船であったため残骸《ざんがい》は残っておらず、すべて描かれた記録による推察となるため、今でも3段の漕ぎ手の座る位置には複数の説が唱えられています。

［正解］3

7 近世・大航海時代

問題7-1

15世紀の終わりにバスコ・ダ・ガマがインド航路を発見した航海の帰路で、180人の船員のうち半数以上が病死してしまいました。当時の船乗りたちが海賊より恐れた、ビタミンCが足りないことが原因の、その病名とは何でしょう。

1. 壊血病　2. 黄熱病　3. マラリア　4. コレラ

解説

壊血病

1497年に喜望峰を回る航海をしたバスコ・ダ・ガマは、壊血病で約100人もの尊い命を失いました。壊血病とは、歯ぐきや関節から出血して、腫《は》れや痛みをともない、高熱が出てやがて死にいたる怖い病気です。

壊血病の原因は、ラム酒や砂糖あるいはタバコのとりすぎ、湿気や冷気、運動不足などといわれましたが、本当のところは長い間分かりませんでした。

壊血病の原因を世界で最初に科学的に解明したのが、イギリス海軍の船医ジェームス・リンドでした。自身の乗る軍艦で食事内容を変えることによる実験を実施し、ついにオレンジやレモンといった柑橘類《かんきつるい》の摂取が壊血病の予防につながることを証明しました。

柑橘類、すなわちビタミンCの摂取が壊血病を防いだわけです。

［正解］ 1

問題7-2

マルコポーロは、航海中に様々な船と出会ったことをその著書「東方見聞録」に記しています。当時の支那で見た「竹の竿《さお》を組み合わせて張り広げた横帆を持つ、非常に大型の船」とは何のことでしょう。

1. サンパン　　2. ダウ　　3. マラカブ　　4. ジャンク

解説

中《ちゅう》国《ごく》形《がた》船《ふね》

中国の海や湖、河川などで見られる横帆を揚げた独特の帆船は中国形船であり、ジャンク(junk)はその代表例です。船底が平たく喫水が浅く、どこでも自由に航行できます。一枚帆の横方向に割り竹が挿入されており、ある程度風上に切り上がることができます。帆をマスト頂上部でつるしているため、不意の荒天にも素早く帆を降ろすことができます。

船内は縦横に設けられた隔壁により仕切られて、多数の水密区画に区分され、縦通材として竜骨がないのが特徴です。何千年の昔から、一貫した造船法で建造されており、外国の造船技術を取り入れずに、現在でも現役として帆走している船もあります。

［正解］4

問題7-3

19世紀、中国からイギリスまでいかに速く紅茶の一番茶を届けるかを競った快速帆船「ティークリッパー」。当時のままの姿でロンドンで保存展示されていたところ、2007年5月に火災にあった、スコッチウイスキーの銘柄にその名を留《とど》めるティークリッパーの船名は何でしょう。

1. ジョニーウォーカー　　2. カティーサーク
3. バランタイン　　4. マッカラン

解説

クリッパー

クリッパー（clipper）は快速帆船と訳されることもあります。19世紀に活躍した帆船で、その語源は定かではありませんが、「第一級の素晴らしい人または物」という説と、クリップ（早い速度）から「快速船」という意味になったという説があるそうです。その原型は、1833年にボルチモアの資産家アイザック・マッキムが造った〈アン・マッキム〉号（全長43.6m、439トン）とされています。そのスマートな船型に刺激されて、ニューヨークの商人たちが建造した〈レインボー〉号は、当時世界最速を誇っていました。イギリスでも間もなくクリッパー船を造るようになり、輸送する荷物によってティークリッパー（茶）、ウールクリッパー（羊毛）などと呼ばれました。スピードを求めた船型は流麗で美しく、多くのファンを生み、いまでも人気があります。〈カティーサーク〉号は現存する唯一のティークリッパーとして、ロンドン近郊で保存展示されていましたが、2007年5月21日に不審火によりほぼ全焼しました。ただ、修復中であったためマストや帆は無事であり、1日も早い復元が待たれます。

［正解］2

8 近代

問題8-1

同類のものよりはるかに強大であることを表す超《ちょう》弩《ど》級《きゅう》。この「弩《ど》」は、英国海軍の戦艦の船名に由来します。では、その船名は何でしょう。

1. ドレッドノート
2. ドレミファミレド
3. ドットインパクト
4. ドライブシート

解説

超弩級

20世紀初頭の各国では、帆船時代を終えてもなお、18世紀に用いられた近距離戦術が海軍力を左右すると考えられていました。しかしイギリス海軍フィッシャー提督は、長距離砲の戦いに将来性を見込み、中・短距離砲を廃止して長距離砲のみを搭載した、同時代の他の戦艦より強大な戦力を持つ戦艦〈ドレッドノート〉を建造しました。

その後、他国も追従することとなることから、この艦と同級のものをドレッドノート級戦艦（略してド級）、さらにド級を超える戦艦を超ド級と呼ぶようになりました。

日本では、ド級の「ド」に対して、大弓の1種である「弩《ど》弓《きゅう》」の弩の字が当てられるようになりました。

［正解］ 1

問題8-2

19世紀の中ごろに始まり、現在も続くブルーリボン。北大西洋航路に就航する定期客船の速力記録保持者に与えられる栄誉ですが、実際には何を競うのでしょう。

1. イギリス・リバプール港沖からアメリカ・ニューヨーク港沖までの最短時間
2. 西経20度から西経50度の間でログがたたき出した最高速力
3. アメリカ側の基点とヨーロッパ側の基点間の平均速力
4. 北緯45度上を一定時間(24時間)内に航行した距離

解説

ブルーリボン競争

19世紀初頭、初めて大西洋を横断した蒸気船は荒れた海には不向きな外輪船でした。その後スクリュープロペラ船が開発され、またヨーロッパから北アメリカへの移民が増えたことも重なり、大西洋を横断する旅客運送事業が各国で盛んになりました。

やがて旅客獲得の条件としてスピードの優劣が争われるようになり、アメリカ～ヨーロッパ間の最高平均速度を持つ船のマストにはブルーのリボンを飾れる、ブルーリボンの称号が創設されました。

1935年からは、イギリスの政治家ヘイルが寄贈したトロフィーが授与されることとなり、現在も行われています。

[正解] 3

問題8-3

1845年、イギリス海軍省が初めて採用したスクリュー式蒸気船〈ラトラー〉号の実力を知るため、トン数と馬力がほぼ等しい外輪式蒸気船〈アレクト〉号と競わせました。では、スクリュー船導入の決定打となったその比較の方法とは何でしょう。

1. どちらがより大きな艦船を曳航《えいこう》できるかを比べた
2. 同時に発進させて1ケーブルを競争させた
3. 同じ量の石炭を焚《た》いて航続距離を比べた
4. 両船の船尾をつないで綱引きをさせた

解説

スクリュープロペラ船

外輪式蒸気船は、外輪の大部分が水上に出て推進力に役立っていないこと、左右に揺れると片舷の外輪が持ち上がり、推力のバランスが崩れること等の欠点がありました。

その欠点を解消するために水中に没したプロペラを回して推力を得る船が、スウェーデンとイギリスで同時期に開発されました。

両船を見てスクリューに関心を示したイギリス海軍省は、1845年、トン数と馬力が等しいスクリュー式蒸気船〈ラトラー〉号と外輪式蒸気船〈アレクト〉号の船尾同士をつないで綱引きをさせました。その結果、〈ラトラー〉号が2.8ノットの速度で〈アレクト〉号を引きずりました。その後、別の船による同様のテストを経て、スクリュー船が採用されることとなりました。

［正解］4

9 現代

問題9-1

アメリカ海軍の航空母艦で、「ビッグE」の愛称で知られる世界初の原子力空母の船名は何でしょう。

1. インデペンデンス
2. キティーホーク
3. エンタープライズ
4. タイコンデロガ

解説

原子力空母

アメリカ海軍では、2008年現在、10隻の原子力空母が運用されていますが、その象徴といえるのが、世界に先駆け1960年に進水した〈エンタープライズ〉です。

エンタープライズの名称はアメリカ海軍の戦艦に伝統的に継承されており、この原子力空母で8代目です。先代の7代目〈エンタープライズ〉が「ビッグE」の愛称で呼ばれていましたが、8代目は艦名とともにこの愛称も引き継ぎました。

〈エンタープライズ〉は世界初の原子力空母であるがゆえ、建造当時は、低出力の原子炉しか搭載できず、他の原子力空母が2基の原子炉しか搭載していないのとは対照的に、合計8基もの原子炉を搭載しています。

［正解］3

問題9-2

現代を代表する貨物船「自動車運搬船」。クレーンなどの荷役装置を持たず、ドライバーが自ら運転して自動車を船内に積込んだり、荷揚げしたりします。では、このような荷役方法を何と呼ぶでしょう。

1. ドライブオン・ドライブオフ（DO/DO）方式
2. キャリーオン・キャリーオフ（CO/CO）方式
3. ハンドルオン・ハンドルオフ（HO/HO）方式
4. ロールオン・ロールオフ（RO/RO）方式

解説

自動車運搬船

その名が示すとおり、自動車の輸送に特化して設計された船で、船内は何層にも分かれた立体駐車場のような構造になっています。

荷役方法は、船側《せんそく》と船尾部の出入り口から岸壁にランプウェー（船と陸を結ぶ橋）を渡し、ここを使って自動車を自走させて船内に積込んだり、岸壁に荷揚げしたりしています。このような方法をロールオン・ロールオフ（RO/RO）方式と呼んでいます。

より多くの車を積むため、積まれる車と車の間隔は前後30cm、左右10cmほどです。専門のドライバーが寸分の狂いもなく積んでいく様は、まさに神業といえます。

ちなみに、岸壁のクレーンなどで貨物を荷役する方法をリフトオン・リフトオフ（LO/LO）方式と呼びます。

［正解］ 4

問題9-3

数々の新記録や世界初の記録を持つ、世界初の原子力潜水艦〈ノーティラス〉の記録はどれでしょう。

1. 潜水艦として初めて北極点に到達した
2. 潜水艦として初めて潜航したままパナマ運河を越えた
3. 45時間で2,222kmを航行し、潜航時間の世界新記録を樹立した
4. 水深1,007mまで潜航し、最大潜航深度の世界新記録を樹立した

解説

原子力潜水艦

世界初の原子力潜水艦〈ノーティラス〉は、「原子力海軍の父」といわれるアメリカのリッコーヴァー提督の指導のもとで建造され、1954年に進水しました。翌年、最初の航海で発した「原子力にて潜航中」は歴史的信号として有名です。

安全潜入深度700ft（213m）、水中での速力23.3ノットを誇るその性能は、今までの潜水艦とは一線を画し、母港のニューロンドンからプエルトリコのサンジュアンまでの1,200マイルを90時間未満で航行したり、燃料交換をせずに、62,562マイルもの航海が可能になりました。

中でも特筆すべきは、史上初めて、潜航状態で北極点を通過することに成功したことです。

現在は退役し、コネティカット州グロトンにあるアメリカ海軍潜水艦隊博物館に展示されています。

［正解］ 1

10 種類（大型船・小型船）

問題10-1

大型船が、岸壁に着岸したり離岸したりするときに、その船を直接押したりロープで引っ張ったりして手助けをするこの船を何というでしょう。

1. ユーボート
2. タグボート
3. バスボート
4. ローボート

解説

タグボート

タグ（＝tug：強く引く）ボートは曳船《ひきぶね》とも言われ、大型船を押したり引いたりして、出入港に伴う着岸や離岸を補助する船です。

蒸気機関が導入された初期の蒸気船は外洋航行には向かなかったため、外洋を航行する大型船は依然として帆船が主流でした。しかし大型帆船は、ロンドンなど川の上流にある都市近郊の港には自力で航行ができません。そこで、帆船を上流まで曳航《えいこう》して接岸させる船として、1817年にイギリスで小型蒸気船〈タグ〉号が建造されました。この名前が「タグボート」の由来です。

タグボートは、自船よりはるかに大きい船を動かす目的で使われるため、通常の同サイズの船よりも強力なエンジンを搭載し、小回りがきくよう、特殊なプロペラを使ったものも見られます。

［正解］2

問題10-2

陸上、雪上、水上を問わず、どこでも走れる、イギリス・ホバークラフト社の商品名で有名なエアクッション艇。日本では水上走行ができることから法律上は船舶に分類されます。では、工学上でいうと何に分類されるでしょう。

1. 航空機　　2. 船舶　　3. 自動車　　4. 分類無し

解説

ホバークラフト

ホバークラフトは、イギリスの電気技術者クリストファ・コッカレルが発明しました。高速気流を水面または地面と艇体の間に送り込み、その押し上げる力で艇体を持ち上げています。つまり、空中に浮いていることになります。水の抵抗がないために、理論上は水中翼船よりも2～3倍のスピードが出るといわれています。空中に浮いているために、平坦であれば水の上だけでなく、陸でも雪の上でも走ることができます。主に水上を航行しますので、法律上は船舶に分類されていますが、工学的には航空機に分類されます。

［正解］1

問題10-3

日本では小型の帆船を指す「ヨット」。英語の「yacht＝ヨット」は、本来、どんな船を指すでしょう。

1. 横帆を使わず、縦帆だけを使う帆船
2. エンジンを使わず、セールだけで走る船
3. 業務に使わず、もっぱら個人の趣味やスポーツで乗る船
4. 市民が使わず、英国王室又は貴族が使用人を使って走らせる船

解説

ヨット

ヨットの語源は14世紀に、オランダでヤハト「jaght」と呼ばれていた高速帆船からきているとされています。その後、オランダより寄贈されたこの乗り物を、イギリスのチャールズ2世が好み「Yacht」と名前を改め、ヨットと呼ばれるようになりました。日本では一般的に、帆で走るセールボートのことをヨットと呼んでいますが、欧米では業務として乗る船ではなく、個人的な趣味やスポーツとして楽しむ船＝個人所有の小型舟艇、という意味で使われています。つまり、帆で走る船も、エンジンで走る船も、趣味やスポーツとして楽しむものであればすべてヨットと呼ばれています。

［正解］3

水平線の彼方《かなた》

想像してみてください。地球がどんな形をしているのか、誰《だれ》も知らないころ、船で水平線の向こうへ行くことはどんな気分だったのでしょうか。

目の前に見える景色は、平らに広がる海です。進んでいる航路は一直線であって、それが球体の円弧の上を進んでいるとは想像もしません。自分たちは大きな板のようなものの上に乗っているのかもしれない。この先には海の淵《ふち》があって、海水は奈落《ならく》の底へ滝のように落ちていて、船もろとも自分たちも落ちるのかもしれない、と考えたとしても不思議はありません。水平線の彼方へ向かうことは、この世の果てへ向かうようで、それはそれは恐ろしかったことでしょう。

古代ギリシャの人たちは、地球は平らではないことに気づきました。船で海の上を走っていると、沖から陸に近づくときに小さな山の頂から見えはじめて、裾野《すその》は陸に近づかないと見えないことを学びました。また、北極星の高度が北へ行くほど大きくなるということを知り、地球が平らではないということを知ってゆきました。

やがて、アリストテレス(紀元前384～前322年)によって、月食は地球の影の中に月が入ることによって生じ、その影の形が丸いことから地球が球であることが分かります。

その後、マゼランの世界一周(本誌68ページ参照)達成により、地球が丸いことが証明されるわけですが、「地球が丸い」ことを理論的に分かってから、ざっと1800年以上もかかって実証したことになります。

水平線の彼方を見つめ、未知の世界へ挑戦し続ける人類の壮大なロマンに、「船」は欠かすことのできない、大きな役割を演じてきたのです。

(坊)

COLUMN

2

船の文化・慣習

海へ乗り出すことは、
冒険や挑戦の文化でもあるんですね。

11 船乗り・資格

問題11-1

船乗りには職種に応じた呼称があります。船長はご存じ「Captain＝キャプテン」ですが、中には呼びやすいように俗称になっているものもあります。では、この中で実際には使われていない呼称はどれでしょう。

1. チョッサー（主席一等航海士）
2. チェンジャー（機関長）
3. ギャレー（司《し》厨長《ちゅうちょう》）
4. ナンバン（操機長）

解説

職員と部員

船乗り（船員）は、資格が必要な船舶職員と特に資格を必要としない船舶部員とに分かれます。それぞれに職種別の正式な名称はありますが、長年の慣習で親しみやすい呼称になっているものもあります。船によって微妙に違うこともありますが、船長以外、変わったところでは、大体次のような呼称が一般的なようです。

＜通称＞	＜職名＞
チョッサー	主席一等航海士（Chief Officer）
チェンジャー	機関長（Chief Engineer）
ナンバン	操機長（No.1 Oiler）
キョクチョー	通信長（Chief Radio Operator）
シチョージ	司厨長（Chief Steward）

［正解］3

問題11-2

ボートやヨットを操縦するのに必要な小型船舶操縦士免許。でも、免許がなくても操縦できることがあります。では、免許がなければ絶対に操縦できないのはどの場合でしょう。

1. エンジンの付いていない全長4.7mのディンギー（ヨット）を操縦する
2. 免許を持っている船長さんに教えてもらいながら10トンのクルーザーを操縦する
3. 長さ2mのゴムボートに1kW未満の電動モーターをつけて操縦する
4. 免許を持っている友人に後ろに乗ってもらいながら水上オートバイを操縦する

解説

ボート免許

ボートやヨット、あるいは水上オートバイを操縦するのには、小型船舶操縦士の免許が必要です。でも、船には船長免許という概念があって、免許を持って指揮監督する者が同乗すれば、基本的に誰でも操縦できます。

例外は、法律で決められた混雑する水域を航行するときや、水上オートバイを操縦するときで、このときは免許を持っている者が自分で操縦しなければなりません。

一方、ディンギーなどのエンジンの付いていない船やミニボートと呼ばれる長さ3m未満でエンジンの出力が1.5kW未満のボートは、免許がなくても操縦することができます。

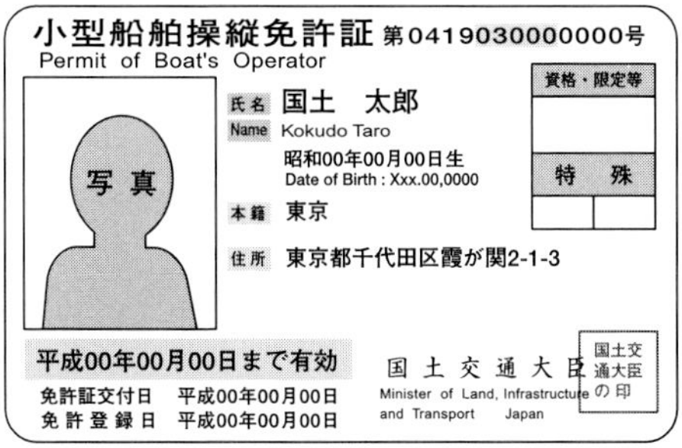

［正解］4

問題11-3

船乗りの世界にシーマンシップという言葉がありますが、本来の意味は何でしょう。

1. 船舶運用術
2. 船旅
3. 船乗りと船
4. 船乗りの心意気

解説

シーマンシップ

シーマンシップ(Seamanship)という言葉は「スマートで、目先が利いて、几《き》帳面《ちょうめん》、負けじ魂、これぞ船乗り」といった表現に代表されるように、船乗りの心意気など精神論的な意味合いを含むというような考え方が諸説ありますが、シーマンシップとは、本来は航海をするために必要な船舶運用術のことをいいます。精神論も含めて表現する一例としては、「シーマンシップ(船乗りとしての基本的技能、航海術、運用術)を備えたうえで、心構えや資質などの精神面や、適応性も含めた身体面も充実してこそ船乗り」ということになります。

[正解] 1

12 伝記・事の始まり

問題12-1

黒地に白い頭蓋骨《ずがいこつ》と交差した2本の大腿骨《だいたいこつ》を描いた、ジョリー・ロジャーと呼ばれる海賊旗。現在も危険を示すシンボルとしてしばしば使われています。では、このデザインを最初に使ったのはどこの国の海賊でしょう。

1. イギリス　2. スペイン　3. ノルウェー　4. フランス

解説

ジョリー・ロジャー

世界各地で様々な海賊旗が使われましたが、西洋では古くから黒旗や赤旗が使われていたようです。

黒地に頭蓋骨と骨を白く染め抜いたデザインは、ジョリー・ロジャーと呼ばれ、細部を変え、誰の船であるかがわかるようにした個性的なものもありました。

フランス人海賊であるエマニュエル・ウィンが使い始めたとされ、彼のものには頭蓋骨と骨のほかに砂時計が描かれていました。

［正解］4

問題12-2

〈タイタニック〉号の遭難を機に世界に広まった遭難信号の「SOS」。1999年、全世界的な海上遭難・安全システムであるGMDSSの導入により、その使命を終えました。では、そのSOSとは、どんな意味だったのでしょう。

1. Save Our Ship（我々の船を救え）
2. Save Our Souls（我々の生命を救え）
3. Suspend Other Services（他の仕事は中止せよ）
4. 単なるモールス符号の組み合わせ。特別な意味はない

解説

SOS

遭難時、〈タイタニック〉号は、次の2種類のモールス符号による信号を発信しています。

CQD（—・—・　——・—　—・・）

SOS（・・・　———　・・・）

CQDのCQは「全無線局宛《あて》」、Dは「遭難」を意味し、「全無線局に対し遭難を知らせる」という一般の通信に近い符号の構成であるため、区別がしにくいという欠点がありました。SOSはこれを解消するために採用された特別の符号で、符号そのものに特に意味はありません。

〈タイタニック〉号には、遭難信号としてCQDを提唱していたマルコーニ社の無線設備が設置されていたため、最初はCQDを発信しましたが、より多くの船舶に救助を求めるため、SOSも発信したものと思われます。

［正解］4

問題12-3

アイビーファッションの定番、トップサイダーのデッキシューズ。このシューズに採用されている、通称「スペリーソール」が開発されるヒントとなったエピソードとは何でしょう。

1. 愛猫が音も立てずに忍び寄ってきたのを見て閃《ひらめ》いた
2. 愛犬が氷の上を滑らずに走っているのを見て閃いた
3. 愛猿が足の裏で枝を巻き付けて移動するのを見て閃いた
4. 愛馬が硬い大地を疾走しても蹄《ひづめ》が割れないのを見て閃いた

解説

トップサイダー

1935年、アメリカのマサチューセッツで誕生したデッキシューズのブランドです。同社の創業者であるポール・スペリーが、氷の上を滑らずに走り回る愛犬（コッカースパニエル）の足の裏にヒントを得て考案したのが、スペリーソール。足の裏にある細かいシワを参考に、細かい波状の切り込みを入れた靴底を採用したシューズは、濡《ぬ》れた船のデッキ上でも滑りにくく、ヨット乗りやボート乗りに多大な支持を得ました。現在でも同社のデッキシューズにこの靴底が継承されていることはもちろん、他社のデッキシューズでも同じ原理のものが数多く存在しています。

［正解］ 2

13 ことわざ

問題13-1

乗合船の船首で釣果を競っていた哲也くんとお父さん。二人でコマセ(まき餌)をまき続けましたが、一番釣れたのはコマセもまかずに船尾で釣っていた哲也くんの弟でした。このように第三者が労せず利益を得られることのたとえに使われることわざは何でしょう。

1. 釣師の利
2. 網元の利
3. 船頭の利
4. 漁夫の利

解説

漁父の利

漁父の利は、中国の史書「戦国策」の故事に由来します。

中国の戦国時代、趙《ちょう》の国が燕《えん》の国を攻撃しようとしているとき、燕の蘇《そ》代《だい》が趙の恵文王に会い、次のような話をしました。「ハマグリが殻を開けて日向ぼっこをしていたところ、シギが飛んできてハマグリの肉を食べようとしたが、ハマグリは殻を閉じてシギのクチバシを挟《はさ》んだ。両者が譲らない争いをしていたところに、たまたま通りかかった漁師が両者を難なく生け捕りにした。今、趙と燕が争えば、秦《しん》の国が漁父の利を得るだろう」。これを聞いた趙の恵文王は燕を攻めることを中止しました。

［正解］4

問題13-2

ギリシア神話に登場する、上半身が人間の女性で下半身が鳥の姿をしている海の怪物。航路上の岩礁にいて、美しい歌声で航行中の人を惑わせて遭難、難破させる、「サイレン」の語源となったこの怪物は何でしょう。

1. セイレーン
2. シレーノス
3. ケイローン
4. フォーン

解説

セイレーン

セイレーンはギリシア神話に登場する半鳥半女の生物で、シチリア島近くのアンテモッサ島にすみ、その歌声で船乗りを誘惑して遭難死させていました。

ギリシアの英雄オデュッセウスは、航路をはずさないようにするため、船員たちの耳をロウでふさいでセイレーンの歌声を聞かせないようにし、自分は歌声を聞いても誘惑されて海に飛び込まないように、体をマストに縛り付けさせて通り過ぎたといわれています。

セイレーンの歌声が聞こえたら逃げなければ危険ということから、危険を知らせる音を「サイレン」と言うようになったといわれています。

［正解］1

問題13-3

日本には、船にまつわることわざがたくさんあります。では、次のうち、実際にはないものはどれでしょう。

1. 川を渡る方法を思案していたところ、目の前に船が漕《こ》ぎ寄せられた意から、ちょうど困っていたところに、おあつらえ向きの条件が整うことをいう「渡りに船」
2. 乗った舟が岸を離れたからには、途中で下船できないことから、いったん物事を始めてしまった以上、途中でやめることができないことをいう「乗りかかった船」
3. 櫓《ろ》がなくては船は動かず、船がなくては櫓は用をなさないことから、世の中は互いに助け合って、初めてうまくゆくものだという「船は櫓でもつ櫓は船でもつ」
4. 船を盗んで漕ぎ逃げる泥棒を陸上から追いかける意から、無駄な骨折りをすることをいう「船盗人《ぬすびと》を徒歩《かち》で追う」

解説

船のことわざ

海に囲まれ、水辺で暮らしてきた日本人と船は切っても切れない関係にあり、これにまつわることわざがたくさんあります。

上記1.2.4.はそのとおりです。3.は、相互扶助を説いたたとえに間違いはありませんが「櫓」ではなく「帆」が正解で「船は帆でもつ帆は船でもつ」といいます。

他にも「船頭多くして船山に上る」「船は水より火を恐る」などがあります。

［正解］3

14 単位

問題14-1

漁師さんは、自分の体を使って測れる便利な単位として「尋《ひろ》」をよく使います。では、一尋《ひとひろ》とは、どの位の長さのことをいうでしょう。

1. 手のひらを一杯に開いたときの小指から親指までの長さ（約20cm）
2. 頭の周りの長さ（約60cm）
3. 両手を一杯に広げた長さ（約180cm）
4. 片手をまっすぐ挙げた指先からつま先までの長さ（約200cm）

解説

尋

尋は、大人が両手を一杯に広げた長さで、ひとひろげ、ふたひろげ、などと測ったことに由来する身体尺です。1尋は6尺で、約1.8メートルに相当します。

江戸時代、1尋は5尺であったり6尺であったりとまちまちでしたが、もっぱら海で用いられていた関係で、明治5年の太政官《だじょうかん》布告で6尺（1.818m）と定め、陸上の間《けん》と統一しました。

尺貫法の廃止とともに廃れていきましたが、糸などの長さを測るときに重宝するため、現在では、漁師さんだけでなく釣りの世界でも「ウキ下○尋」などと広く使われています。

［正解］3

問題14-2

自動車の速度の単位は、国によってキロメートル毎時（km/h）やマイル毎時（mph）が使われますが、船の速度は、ほぼ例外なくノット（knot）が使われます。では、この単位の名称の由来は何でしょう。

1. 船位を求めるために観測する天体の移動速度の単位がノットであったため
2. 国際条約において船の速度にはノットを使うべしと定められているため
3. かつて船の速さを測るのに使用した砂時計をノットといったため
4. 一定時間に繰り出されるロープのノット（結び目）の数で速力を計測したため

解説

ノット

ノットとはロープの結び目のことです。16世紀の中頃、船の速力は、ロープに一定間隔で結び目をつけたハンドログという道具を海に流して測っていました。これは砂時計が落ちるまでの決められた時間に、どのぐらいロープが繰り出されるかを見るもので、この繰り出されたロープの長さを簡単に分かるようにした結び目（＝ノット）が、船の速力の単位になったのです。

1ノットは、1時間に1,852m（＝1マイル）進む速さです。1,852というのは半端な数ですが、これは地球の緯度をもとに決められているからです。緯度1分が1マイルに相当します。

［正解］ 4

問題14-3

船の大きさを表す単位のトン数。この「トン」は、その昔、船に積むことの出来るあるものの個数で大きさを表していたことに由来します。では、叩《たた》いたときにトンと音がするあるものとは何でしょう。

1. 帆柱
2. 酒樽《さかだる》
3. 金貨入れ
4. 火薬箱

解説

トン

総トン数や重量トン数などと船の大きさを表すときに使われる単位の「トン」は、酒樽を叩いたときの音に由来します。

15世紀ごろ、フランスのボルドー産ワインをイギリスへ運ぶ船の大きさを表すのに使われたのが始まりだといわれています。

イギリスでは、船に積むことができるワインの樽の数で、船に課す税金を決めていたため、積まれた酒樽を棒で叩きながら数えると「タン、タン」と音がします。「何樽」あったと数えるところを「何タン」と言うようになり、これがなまって「何トン」と呼ぶようになったといわれています。

1,000樽積める船イコール1,000トンということで、積める樽の数が船の大きさと同じ意味を持つようになりました。

［正解］2

15 操舵号令

問題15-1

海上自衛隊の艦船では、現在でも操舵号令を日本語で行っています。では、そのままの針路を保てを意味する日本語の号令「宜候《ようそろ》」に相当する英語の号令はどれでしょう。

1. ポート
2. ミジップ
3. ステディ
4. スターボード

解説

ようそろ

IMO（国際海事機関）勧告の標準操舵号令は次のとおりです。

英語号令詞	日本語号令詞	意味
ミジップ	舵中央または戻せ	舵を船首尾線上に保つこと
ポート	取舵《とりかじ》	舵を左舷にとること
スターボード	面舵《おもかじ》	舵を右舷にとること
ステディ	ようそろ	船首の振れをできるだけ早く減ずること

「ステディ・アズ・シー・ゴーズ」｜「今の針路ようそろ」

変針中にこの号令が下されたときの針路を保って操舵します。船がその針路に乗ったら、操舵手は、

「ステディ・オン・○○○」｜「○○○ようそろ」

と復唱します。つまり、ステディ（ようそろ）は、針路を安定させるという意味で使われます。

［正解］3

問題15-2

映画などで、船の向きを変えるときに、「おもかじいっぱ〜い」と号令を掛けているのを見ることがあります。これは、右に大きく舵《かじ》を取れ、という意味ですが、では、左に舵を取ることを何というでしょう。

1. 裏舵《うらかじ》
2. 取舵《とりかじ》
3. 空舵《そらかじ》
4. 渋舵《しぶかじ》

解説

おもかじ・とりかじ

その昔、和船で使われていた和磁石（船磁石）では方位の目盛りが「逆針（さかばり）」になっていました。これは目盛りが左回りに子《ね》、丑《うし》、寅《とら》……の順に刻まれていて、子が船首になるように固定されていました。

船の舳先《へさき》（＝船首）を子とすると、右舷正横が酉《とり》、左舷正横が卯《う》の目盛りとなります。当時の船は舵柄を直接動かして舵を取っていましたから、舳先を左に向けるには舵柄を右舷側に動かす、すなわち「酉の舵（とりのかじ）」、左舷側に動かす場合は「卯面舵（うむかじ）」と称しました。酉の舵は転化して酉舵すなわち「取舵（とりかじ）」になり、卯面舵は転化して「面舵（おもかじ）」になりました。

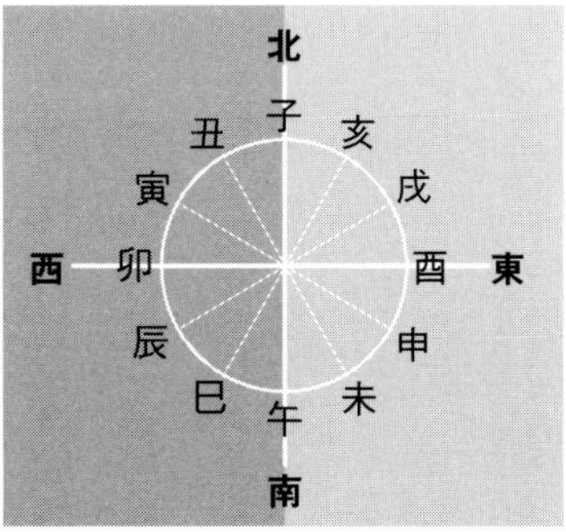

［正解］2

問題15-3

日本の船舶では、錨《いかり》を投下するときの号令として「レッコ」と言います。では、この言葉の語源は何でしょう。

1. 放せという意味の英語「let go」より
2. アンカーロープの出具合を何度も報告させる「連呼」より
3. 航行中には何の役にも立たないものという意味での「劣子」より
4. 投下の軌跡が似ている、円周を2点で分けた短い方の「劣弧」より

解説

レッコ

レッコは英語の「let go」のことです。さあ、いこうといった意味のレッツゴー（let's go）ではありません。

本来の意味は、はめをはずす、～から手を放す、～を捨て去るなどですが、船の世界では、放す（放つ）という類のことには何でもこの言葉を使います。

問題の錨を投下する以外にも、例えば、

もやいレッコ　→ ロープを解いて放せ
ゴミをレッコ　→ ゴミを捨てて
課業をレッコ　→ ずる休み
貴様レッコするぞ → 海にたたき落とすぞ（お～コワ）

［正解］1

16 船にまつわる呼称

問題16-1

英語で船の左《さ》舷側《げんがわ》を表すポート。なぜ港を表す「ポート（port）」と同じ言葉が使われているのでしょう。

1. 昔の船は、スクリューが全て左回りで、港の桟橋に左舷側を着けておくと、後進で離れるときに操縦しやすいため
2. 昔の船は、右舷側に舵《かじ》取り装置が付いていて、港の桟橋には必ず左舷側を着けたため
3. 昔の港は、ほとんどが川の右岸（上流に向かって左側）にあったので、左舷側にしか着けられなかったため
4. 昔の港の周りの歓楽地は、港の右側にあったため、船乗りを出来るだけ近づけないように左舷側から出入りさせたため

解説

ポート

昔の船、特にバイキング船は、右舷の舷側《げんそく》に舵取り板を取り付けていました。そのため港の桟橋に右舷側で着岸すると舵を壊す恐れがあるので、舵のない左舷側で着岸していました。

このことから、19世紀半ばまでは、左舷側を「荷役をする舷」が語源のラーボード（lar-board）と呼んでいましたが、右舷側のスターボード（star-board）と混同することを避けるため、19世紀半ば以降は「港側の舷＝ポート（port）」と呼ぶようになりました。

現在、ほとんどの船は左右関係なく接岸できます。一方、飛行機は、乗客の乗降口をすべて左側に設けてあり、古い船の伝統が残っています。

［正解］2

問題16-2

日本船は、外国では親しみを込めてマルシップと呼ばれます。では、なぜ「マルシップ」と呼ばれるのでしょう。

1. 世界制覇をもくろむ豊臣秀吉が造った戦艦の名称が「日本丸」だったため
2. 日本船の船名は、「○○丸」と丸《まる》が付くことが多いため
3. 優れた造船技術で作られた日本船は、ふっくらと丸みを帯びて美しく見えるため
4. 西洋では船を女性名詞で呼ぶので、代表的な日本名の「まり」がなまったため

解説

○○丸

丸の語源については諸説ありますが、船名に丸を付けて呼ぶ習慣は古くからありました。

明治33年に制定された船舶法取扱手続には、「船舶の名称には、なるべくその末尾に丸の字を付けなければならない」とあり、これが明治以降、日本船の船名に丸が付くようになった大きな理由と考えられています。

このように、日本船は、多くの船名に丸が付いているため、外国では「MARU-ship（マルシップ）」と呼ばれています。

［正解］2

問題16-3

商船の煙突を飾るファンネルマーク。この特有のデザインから、何がわかるでしょう。

1. 所属会社
2. 船籍国
3. 建造年
4. 母　港

解説

ファンネルマーク

ファンネルとは船の煙突のことで、もともとは煤《すす》の汚れが目だたないように黒く塗られていましたが、やがて着色され、船会社を識別するための手段として使われるようになりました。ファンネルマークは船会社の看板の役割をしています。

飛行機の場合、尾翼のマークで「日本航空」や「全日空」などの航空会社が識別できますが、これと同様に、船の場合は、それぞれの会社の特徴をイメージした色や模様などのデザインを煙突に施して識別できるようにしています。

なお、石炭を燃料とする船が少なくなった現在、ほとんどの船は煙の量が少なくなり、実際に煙が出る煙突は、このファンネルマークが描かれているものの中に隠れている細いパイプです。

［正解］1

17 国別慣習

問題17-1

船出のときに舷側《げんそく》を舞う五色の紙テープ。このテープ投げを考案したのは、1915年当時、サンフランシスコで商売をしていたある日本人です。では、このことを思いつくきっかけになった出来事とは何でしょう。

1. 開通したばかりのパナマ運河の測量に紙テープが使われた
2. イギリス海軍の進水式に招かれた者が必ず紙テープを持参した
3. 日本の商社が万国博覧会に出展した紙テープが大量に売れ残った
4. フランスでリボンより強い紙テープが発明されたという話が誤報であった

解説

船出のテープ

1915年、パナマ運河開通を記念してサンフランシスコで開催された万国博覧会に、日本の商社が包装用の紙テープを出品しました。ところが、これが大量に売れ残り、これを見兼ねた当地在住の森野庄吉（森田庄吉との説もあり）氏が、港にこれを持ち込んで別れの握手ならぬ別れのテープとして販売したことに由来します。

船出を賑《にぎ》わすこの光景も、最近では環境保全を理由に、見かける機会がずいぶん少なくなりました。

［正解］3

問題17-2

7月唯一の祝日である海の日。もともとはある史実にちなんで、7月20日が海の記念日として制定されていました。では、その史実とは次のどれでしょう。

1. 嘉永6年（1853年）、ペリー提督率いるアメリカ合衆国海軍東インド艦隊が、江戸湾浦賀に来航した
2. 安政7年（1860年）、勝海舟を艦長とする江戸幕府の軍艦〈咸臨丸《かんりんまる》〉が初めて太平洋を横断した
3. 明治9年、東北巡幸を終えた明治天皇が、汽船〈明治丸〉で横浜港に帰着した
4. 明治38年、日本海海戦において、東郷平八郎率いる連合艦隊がバルチック艦隊を撃破した

解説

海の記念日

明治9年、東北の巡幸を無事に終了した明治天皇は、同年7月16日青森市内の浜町桟橋から汽船〈明治丸〉に乗り込み、函館を経由して7月20日に横浜港に帰還しました。

この史実を記念して、昭和16年、当時の逓信《ていしん》大臣であった村田省蔵の提唱により、海洋・海事思想の普及を願って7月20日が「海の記念日」に制定されました。

この〈明治丸〉は、現在、東京海洋大学（旧東京商船大学）の敷地内に保管され、船内を見学することができます。

［正解］3

問題17-3

海上自衛隊では、厳しい海上勤務の中で曜日の感覚を取り戻すため、毎週金曜日に、すべての部署であるものを食べる習慣があります。では、神奈川県の横須賀市が町おこしにも使っている、そのあるものとは何でしょう。

1. ラーメン　2. お好み焼き　3. カレーライス　4. ギョウザ

解説

海軍カレー

明治時代、軍艦の乗組員は、長期航海中に脚気《かっけ》になることが多かったようです。その原因は食事にあると判断した海軍が、それまでの日本食一辺倒ではなくイギリス海軍にならい洋食をとりいれました。その中にカレー味のシチューがありました。カレーに小麦粉を加えてとろみをつけ、パンに付けて食べるのではなく、ご飯にかけて食べるようになりました。海軍では毎週土曜日がカレーの日になりましたが、その伝統は海上自衛隊にも受け継がれ、週休二日制導入により金曜日がカレーの日となりました。

横須賀市では市役所、商工会議所、海上自衛隊が協力して「カレーの街よこすか推進委員会」が発足し、カレーによる町おこしが実施され、「海軍カレー」は全国に広まりました。明治41年の海軍のレシピ「海軍割烹術《かっぽうじゅつ》参考書」には、「カレイライス」の材料と作り方が記述されています。

> 三、カレイライス
> 材料牛肉（鶏肉）人参、玉葱、馬鈴薯、「カレイ粉」麥粉、米
> 初メ米ヲ洗ヒ置キ牛肉（鶏肉）玉葱人参、馬鈴薯ヲ四角ニ恰モ賽ノ目ノ如ク細ク切リ別ニ「フライパン」ニ 「ヘット」ヲ布キ麥粉ヲ入レ狐色位ニ煎リ「カレイ粉」ヲ入レ「スープ」ニテ薄トロヽノ如ク溶シ之レニ前ニ 切リ置キシ肉野菜ヲ少シク煎リテ入レ（馬鈴薯ハ人参玉葱ノ殆ド煮エタルトキ入ル可シ）弱火ニ掛ケ煮込ミ置キ 先ノ米ヲ「スープ」ニテ炊キ之レヲ皿ニ盛リ前ノ煮込ミシモノニ鹽ニテ味ヲ付ケ飯ニ掛ケテ供卓ス此時漬物 類即チ「チャツネ」ヲ付ケテ出スモノトス

［正解］ 3

18 漁業・捕鯨

問題18-1

トロール漁船の船尾につけられた、オッターボードと呼ばれるこの板。いったい、何に使われるのでしょう。

1. 投網《とうもう》の邪魔になる水面に張った氷を砕く
2. 荒天時に船尾のスロープから波が打ち込むのを防ぐ
3. 投入した漁網の開口部を大きく広げる
4. 帆船の船首像のようなもので単なる飾り

写真提供：水産大学校

解説

オッターボード

トロール漁法は、船尾から投入した漁網をロープで曳航《えいこう》して魚を獲《と》ります。

「オッターボード」は、金属製や木製の板で、日本語で「開口板」と呼ばれます。飛行機の翼の断面のように中央付近が隆起した形状をしており、揚力を利用して網の開口部を船幅以上に展開する役割をします。網の開口部が広がることで、より多くの漁獲が可能になります。

網の開口幅は、曳航速力と曳航ロープの長さで調節します。

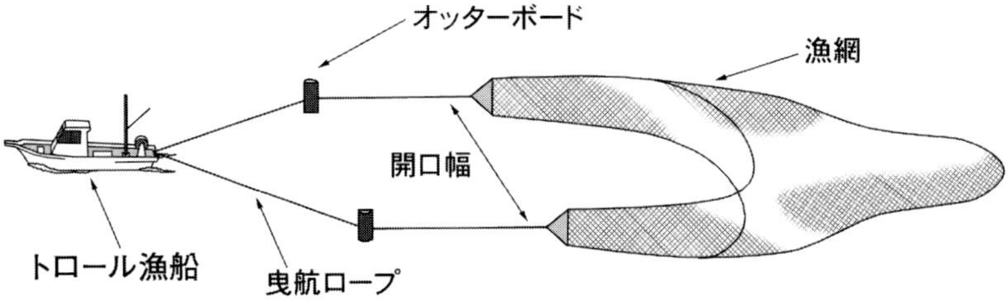

［正解］3

問題18-2

捕鯨船団の中で、クジラに銛《もり》を打ち込む砲手を乗せたこの船の名称は何でしょう。

1. ピッチャーボート
2. キャッチャーボート
3. セカンドボート
4. センターボート

写真提供：(財)日本鯨類研究所

解説

キャッチャーボート

英語では捕鯨船全般のことを「whale catcher boat」や「whaler」といいますが、日本では、写真のような船のみを「キャッチャーボート」といい、網で捕鯨したり、追い込み漁で捕鯨する船とは区別しています。和製英語です。

キャッチャーボートは、マストの最上部の見張り台においてクジラを発見し、息継ぎのために浮上したクジラを、砲手が船首からロープの付いた銛を撃ち込んで仕留めます。仕留めた鯨は母船に運ばれ、解体、加工されます。

キャッチャーボートは、現在「目視採集船」「標本採集船」などと呼ばれています。現行の船団を組んだ捕鯨は調査捕鯨に限られるため、「採集」の文字が使用されているのかもしれませんね。

［正解］ 2

問題18-3

最近ニュースで取りあげられることの多い、排他的経済水域（EEZ）。これは、自国の周辺で魚や海底資源をとったり管理する権利が及ぶ範囲を示します。では、自国の沿岸からどれくらいの距離までのことをいうのでしょう。

1. 100海里　　2. 150海里　　3. 200海里　　4. 250海里

解説

EEZ

排他的経済水域（EEZ＝Exclusive Economic Zone）とは国際海洋法条約に基づいて設定される、沿岸から200海里（370km）以内の海域で、その沿岸国に経済的な管轄権が与えられています。航行に際しては他国が自由に通航してもかまいません。日本の国土面積は約38万km²で、世界では第60位ですが、水域全体としては、排他的経済水域に領海（内水を含む）を合わせると約448万km²で、世界第6位という大きな水域となります。

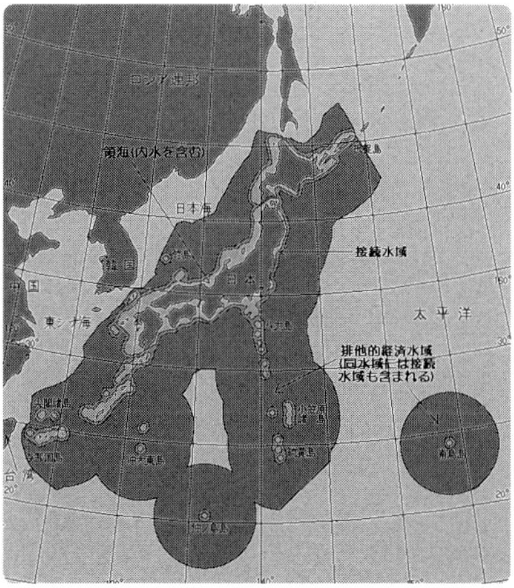

資料提供：海上保安庁海洋情報部

［正解］3

19 レース（ヨット・ボート・競艇）

問題19-1

今受けている船の文化検定、略して「船検《ふねけん》」。漢字だけだと、「ふねけん」、「ふなけん」、あるいは「せんけん」などと読めます。では、次の中で「ふなけん」と呼ばれるものはどれでしょう。

1. 小型船舶の検査
2. 競艇の勝舟《かちふね》投票券
3. 海技士（航海）の試験
4. 船舶用品の検定

解説

ふなけん

通称「ふなけん」と呼ばれる勝舟投票券は、公営ギャンブルのひとつ、「競艇」の着順を予想して投票（購入）し、結果に応じた配当を得るための券で、競馬の馬券、競輪やオートレースの車券に相当します。

ふなけん＝舟券は、単に通称というだけでなく、モーターボート競走法第2条第5項で勝舟投票券の略称は「舟券」と定義されています。

ちなみに舟券には、「単勝式」、「複勝式」、「2連勝複式」、「2連勝単式」、「拡連複」、「3連複」、「3連単」の7種類があり、各競艇場のほか、ボートピアと呼ばれる競艇場外発売場などで買うことができます。

［正解］2

問題19-2

世界最高峰のヨットレースといわれるアメリカズカップ。その対戦方法は？

1. ヨットクラブ対ヨットクラブ
2. 水域代表チーム対水域代表チーム
3. 国代表チーム対国代表チーム
4. 個人対個人

解説

アメリカズカップ

アメリカズカップは、1851年にイギリスで開催されたワイト島一周レースがそのルーツになります。イギリスの名門ヨットクラブが開催したこのレースに招かれたアメリカ・ニューヨークヨットクラブの〈アメリカ〉号が、イギリス艇16隻を破って勝利しました。優勝杯として授けられたのが、後にアメリカズカップといわれる純銀製のトロフィーです。1870年、このトロフィーをかけて第1回アメリカズカップが、ニューヨークで開催されました。当初は複数のヨットが競うレースでしたが、第3回以降、ヨットクラブ対ヨットクラブによる、1対1のマッチレーススタイルで行われています。

カップは1980年まで、アメリカのニューヨークヨットクラブが守り続けていましたが、1983年の第25回大会でオーストラリアのロイヤルパース・ヨットクラブが勝利し、初めてアメリカ国外に出ました。以降、1987年には再びアメリカが取り戻し、1992年には日本の「ニッポンチャレンジ・アメリカズカップ」がカップに初挑戦。1995年はニュージーランドが、2003年にはスイスのチームがカップを手にしています。日本からの挑戦は、2000年を最後に中断しています。

［正解］ 1

問題19-3

セーリング競技のオリンピック種目でもある、470級。では、470級の「470」は、何を表したものでしょう。

1. 帆の面積が4.70m^2　　2. レースの航程が4.70マイル
3. 艇の全長が4.70m　　4. マストの高さが4.70m

解説

470級

国際470級は、オリンピック採用艇種として知られる2人乗り小型ヨット（ディンギー）です。艇体の全長は470cmで、1本のマストに最大3枚の帆を張ることができます。日本で〈ヨンナナマル〉と呼ばれている470級の名称は、この470cmという全長に由来したものです。日本では、スナイプ級、レーザー級などと並び、大学生や社会人に人気の小型ヨットです。

［正解］3

20 探検

問題20-1

明治45年に日本で初めて木造機帆船〈開南丸〉による南極探検を行い、南極点には達しなかったものの到達した最南端に日章旗を立て「大和雪原《やまとゆきはら》」と命名した人は誰でしょう。

1. 大隈重信《おおくましげのぶ》　2. 東郷平八郎《とうごうへいはちろう》　3.白瀬《しらせ》　矗《のぶ》　4. 郡司成忠《ぐんじしげただ》

解説

大和雪原

白瀬中尉として知られている白瀬《しらせ》矗《のぶ》は、秋田県金浦村（現在のにかほ市）の歴史あるお寺の長男として生まれました。

最初は北極を目指した白瀬でしたが、アメリカの探検家・ペアリーの北極点到達を知ると計画を南極に変更し、明治43年11月28日、隊員27名と共に〈開南丸〉で東京芝浦港を出港しました。

困難な航海を経て、開南湾（白瀬命名）に到着した後も過酷な探検は続き、ついに南極点到達を断念。明治45年1月28日に到達した南緯80度50分周辺一帯を「大和雪原《やまとゆきはら》」と命名して帰国の途に就きました。ただ、残念なことに、日章旗を立てた地点は、大陸ではなく氷上でした。

［正解］3

問題20-2

南米とポリネシア諸島が古代から交流があったとされる一説を実証した、ノルウェーの探検家、トール・ヘイエルダール。彼がこの実証実験に使ったいかだ船の船名は何でしょう。

1. ラー号　2. チグリス号　3. マーメイド号　4. コンチキ号

解説

トール・ヘイエルダール

トール・ヘイエルダール（1914～2002年）は、「ポリネシア人はアメリカから移り住んだ」という理論を提唱。その説を実証するために、南米のインディアンが作っていたのと同じバルサ材でいかだ船を作りました。これが〈コンチキ〉号です。1947年、6人の乗組員と共にペルーを出航し、3カ月後にポリネシアのツアモツ諸島に到着しました。

［正解］4

問題20-3

全く嵐《あらし》に遭遇しない海を、平和な海（パシフィック・オーシャン＝太平洋）と名付けた、世界が丸いことを実証し、世界一周の探検中に非業の死を遂げた彼は誰でしょう。

1. マゼラン
2. 間宮林蔵
3. ベーリング
4. クック

解説

太平洋

ポルトガルの航海者、フェルディナンド・マゼランは、1519年、西回り航路を開拓すべくスペインを出航しました。後にマゼラン海峡と命名される南アメリカ大陸の南端を発見して、1520年、初めてヨーロッパから西回りで太平洋に到達しました。

それまでの荒れ狂う大西洋とは打って変わって、海峡を越えると、一転、平穏な海が広がっていたことから、この海を平和な海（パシフィック・オーシャン）と命名しました。

航海途中のフィリピンで、ラプ＝ラプ王との戦いによりマゼランは戦死しましたが、残された艦隊が史上初めての世界一周を達成し、地球が丸いことを証明しました。

ちなみに、英語の「Pacific」を日本語へ訳すとき、平和、穏やかを意味する「泰平＝太平」を用いて「太平洋」と命名したようです。

［正解］1

3

船の仕組み

生命を預ける乗り物、船は仕組みの塊《かたまり》です。

21 船型

問題21-1

観光船や外洋ヨットによく見られる船型のカタマラン（＝双胴船）。この、カタマランの語源は何でしょう。

1. 結び合わせた丸太
2. 左右対称
3. 同じもの
4. 大きい復原力

解説

カタマラン

双胴船（Double hulled ship）は同じ形の船体を2個、間隔を開けて平行に並べ、甲板《こうはん》または梁《りょう》でつなげた船のことをいいます。長さの割に幅の広い甲板がとれる上に、初期復原力が大きく、前進抵抗が小さいのでレーシング用、クルージング用のヨットや高速客船などの船型として採用されています。語源はタミル語のkattamaram（tied wood、縛った木材）で、丸木舟に小さなサイド・フロートを付けたもののことをいいます。

［正解］ 1

問題21-2

競艇では、船底にステップと呼ばれる段がついたタイプのボートが使用されています。ボートが水面上をよく滑り、直線でスピードが出やすいこの船型を何というでしょう。

1. ハイドロプレーン
2. ランナバウト
3. レコードブレーカー
4. バウライダー

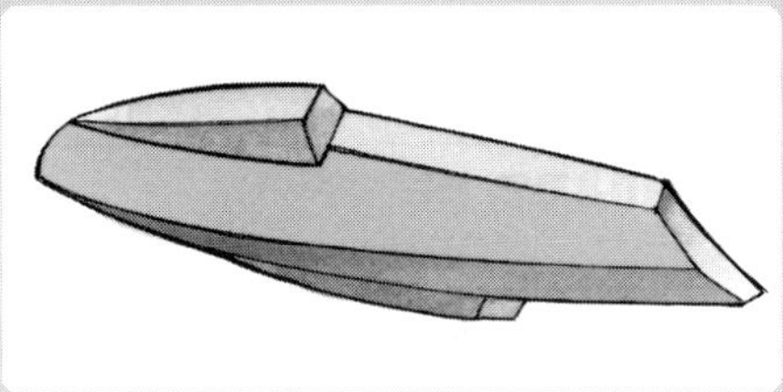

船型を下から見た図

解説

ハイドロプレーン

多くのモーターボートは、走行中に滑走（艇体の一部を水面に接して浮き上がり、そこに生じる水の動圧だけで重量を支えた状態で走ること）しますが、ハイドロプレーンは、軽い艇体と水面に接する面積をより少なくして滑走性能を向上させ、高速で走るボートです。船底は平面形に近く、走行中は浮き上がってステップの部分だけで重量を支えています。またステップは水離れがよいので、抵抗の軽減に寄与しています。静穏な水面でなければ安定した走行ができない船型ですが、競艇場はその条件を満たしています。

［正解］1

問題21-3

近年のモーターボートの主流となる船底形状は、天才デザイナー、レイモンド・ハントの設計で初めて世に出ました。凌《りょう》波《は》性《せい》が高く、安定感のある高速航行を可能とするその形状はどれでしょう。

1. ラウンドボトム型　2. ディープV型　3. カタマラン型　4. トリマラン型

解説

ディープV船型

1960年の「マイアミ・ナッソー・パワーボートレース」で優勝した、31ftの木造艇〈モッピー〉が採用していた船型のことです。リチャード・バートラムのためにレイモンド・ハントが設計したもので、高い凌《りょう》波《は》性《せい》と高速性能によって、レースでは他艇を圧倒しました。ディープV船型のデザイン上の特徴は、トランサムデッドライズ（船底勾《こう》配《ばい》。船底最後部の底が成す角度）が大きいことで、ここがV字状になっていることから名づけられたもの。〈モッピー〉のそれは24度でした。翌年〈モッピー〉を原型に、当時はまだ現在ほど一般的ではなかったFRPによる建造方法によって量産化されたのが「バートラム31」で、ディープVのデザインは、その後、世界のモーターボートデザインの流れを大きく塗り替えることになります。

［正解］2

22 推進装置

問題22-1

船を進めるスクリュープロペラ。この生産において、世界シェアNo.1を誇るメーカーはどこでしょう。

1. MMG社(ドイツ)
2. ナカシマプロペラ(日本)
3. ミシガン(米国)
4. ハンシェン(台湾)

解説

プロペラメーカー

東京・お台場にある「船の科学館」の屋外展示場には、5万トンクラスの大型船で実際に使用されているスクリュープロペラが展示されています。その大きさは、直径6m、重さ約15トンにも及ぶ巨大なものです。

このプロペラを寄贈したのは、舶用プロペラでは世界シェアNo.1を誇る、岡山県に本社があるナカシマプロペラ株式会社です。多くの舶用プロペラメーカーは作製する種類を絞っていますが、ナカシマプロペラは、大型から小型まであらゆるジャンルのプロペラを作製しています。

ちなみにプロペラメーカーではありますが、カリヨンやメロディーベルなども作成しています。これは、水中で音がしないプロペラ用の金属を開発し、その広報用として音が出ないベルを作製したところ大きな反響があり、以来、こういった環境演出商品を手掛けるようになったそうです。

［正解］2

問題22-2

フェリーや水上オートバイに使われ、高速走行が可能なウォータージェット推進。前進する力を得るため、船尾から噴射するものは何でしょう。

1. 水素ガス
2. 水蒸気
3. 水
4. 氷

解説

プロペラの限界

船の推進装置には通常スクリュープロペラを用いています。スクリュープロペラは回せば回すほど速力が出るというものではなく、一定時間内の回転数を増やし続けると、プロペラの表面に気泡が生じて推進効率が下がる、キャビテーションという現象が生じてしまいます。

この欠点を解消して、船の高速化を実用化したのがニュージーランドのウィリアム・ハミルトンでした。

ハミルトンは、ポンプから水を吐き出すときの反動で船を進めることを考えました。そこで、外部から吸い込んだ水をウォータージェットポンプで圧縮、加速して噴射する推進装置を開発しました。

現在は、佐渡汽船や東海汽船で就航中のフェリーや水上オートバイ、あるいは海上保安庁の取締船など幅広く利用されています。

［正解］3

問題22-3

小舟を動かすときに使う「櫂《かい》」と「櫓《ろ》」。しばしば混同されてしまうことがありますが、両者の決定的な違いは何でしょう。

1. 櫂は漕《こ》ぐときに水面上に出るが、櫓は水中に入ったままである
2. 櫂は必ず2本セットでなければ漕げないが、櫓は1本で漕げる
3. 櫂は片手で漕げるが、櫓は両手でなければ漕げない
4. 櫂の長さは船の幅より短いが、櫓は船の幅より長い

解説

櫂と櫓

人力で船を進めるための道具には、大きく二つに分けて、櫂と櫓があります。

櫂には2種類あり、人を支点として水をかいて進むパドルと、船に取り付け、そこを支点にして水をかくオールとがあります。ともにいったん水をかいた後、水面上に出してもとの位置に戻して漕ぐ動作を繰り返します。

一方櫓は、船に取り付けることはオールと同じですが、水をかく個所は片面に膨らみがある飛行機の翼と同じ形で、水没させたまま左右に水を切るように動かして、推進力を生み出します。

櫂は櫓に比べてスピードを出せますが、長い時間漕ぐには漕ぎ手の体力が必要です。一方櫓は、水の抵抗が少ないため長時間漕ぎ続けることができます。

［正解］1

23 艤装1

問題23-1

大型船の船体に描かれたマークのうち、船首が作る波を打ち消すための構造であるバルバスバウの存在を示すものはどれでしょう。

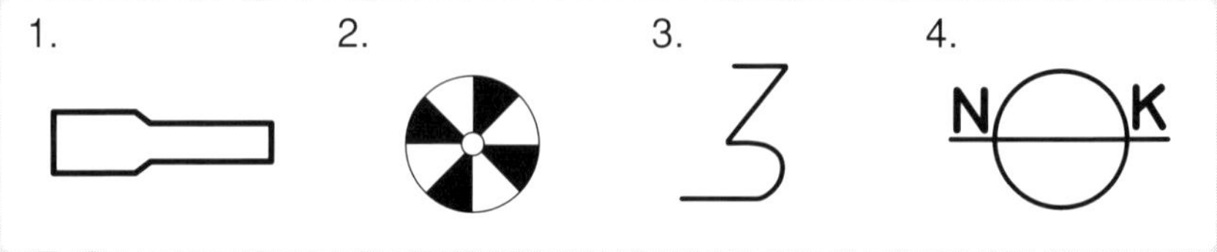

解説

船のマーク

(1)は、船体の横揺れを防ぐ「フィンスタビライザー」の位置を表すマークです。ちなみにこの装置は、大正12年に日本の元良信太郎博士が発明しました。

(2)は、船体を横に移動させるため、船体の水面下に穴を開けてプロペラを付けた「スラスター」の位置を示すマークです。

(3)は、水面下の船首が球状に突き出ている「バルバスバウ」を表し、小型船が突き出た部分に乗り揚げるのを防ぐマークです。

(4)は、船を安全に航行するために、貨物を積んで船を進めることが出来る限界を表したマークです。

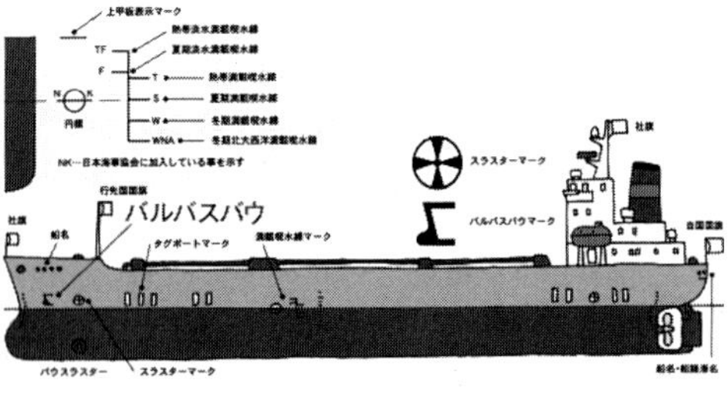

［正解］3

問題23-2

岸壁に係留されている外航船のホーサー（係船ロープ）を見ると、このような丸い円盤が取り付けられていました。これは何でしょう。

1. マットガード
2. ラットガード
3. カットガード
4. セットガード

解説

ラットガード

岸壁に係留中の大型船の係船ロープに取り付けられた金属製の円盤は、ロープを伝って船内にネズミが侵入するのを防ぐためのラットガードです。

ネズミは船内の食料や積み荷を食べて被害をもたらすことに加え、ネズミに付いた病原菌を船内や船が入港する土地に伝染させるおそれがあります。

イギリスの古い法律では、猫を乗せていない船のネズミの被害には保険金が支払われませんでした。また、現在の日本の法律（検疫法）でも、外国を行き来する船には、ネズミの駆除が義務付けられています。

［正解］2

問題23-3

航海訓練所の帆船、〈海王丸〉の船首には、笛を持つ可《か》憐《れん》な女性像「紺《こん》青《じょう》」が取り付けられています。航海の安全を祈るために取り付けられたこれらの像のことを何というでしょう。

1. ドールヘッド
2. シップスヘッド
3. スキンヘッド
4. フィギュアヘッド

解説

フィギュアヘッド

16世紀の大航海時代、現在と比べて帆船の性能が低く、航路も確立していないため様々な危険が待ち受け、航海はまさに命がけでした。神の加護のもと、そのような航海の安全を脅かす魔物から逃れるとともに、不意に遭遇する敵を威《い》嚇《かく》するために、船乗りたちは競って船首に像を飾りました。これがフィギュアヘッド（船首像）です。

神の加護を受けるために天使をモチーフにしたものが多く、また、相手を威嚇する意図が強い場合は、ライオンなどの猛獣のデザインが好まれました。

［正解］ 4

24 艤装2

問題24-1

風による横流れの防止と復原力の確保のために、ヨットの船底から出ているこの翼状のおもりの名前は何でしょう。

1. ビルジキール
2. センターボード
3. バラストキール
4. フィンスタビライザー

解説

バラストキール

ヨットの船底には、バラストキールといわれるものが付いています。バラストキールは、(1)転覆しないための重りの役目をする、(2)風上方向に帆走するとき、横流れしないように揚力を発生する、という二つの大きな役割を果たしています。

バラストキールの形状や重さによって、ヨットの復原性能(傾いたときに起きあがる性能)、帆走性能(スピードや風に対する上り角度)などが大きく変わってきます。

ヨットレースの最高峰、アメリカズカップに出場する艇は、対戦相手に対し少しでも有利になるようバラストキールの形状を工夫し、レース直前まで公開しないようにしています。

[正解] 3

問題24-2

建物の窓はほとんどが四角なのに、船では円い窓がよく使われます。その理由は何でしょう。

1. 厚さを気にしなければ円いほうが安価にできるから
2. 流線型の船体には円いほうが見栄えがよいから
3. 同じ大きさなら円いほうが軽量にできるから
4. 円いほうがねじれに対する抵抗が強いから

解説

船窓《せんそう》

船体に穴を開けた場合、波によるねじれやゆがみの力は、穴の滑らかでない個所（四角形の角など）に集中してしまい、そこから裂け目が生じやすくなります。

このことから、波の影響を受けてたわむ場所や、窓が壊れた場合に海水が入る可能性がある甲板下の船窓には円形の窓が使われます。

また法律でも「十分な丸味を付け、必要に応じ補強すること」と定められています。

船に空調設備がない時代のこと。帆船では船窓を開けたまま寝ていると、風を受ける方向を変えたときに船の傾きが逆になり、海水が船室に入ってずぶ濡《ぬ》れになることがありました。このことを「鯨が入る」や「鯨が飛び込む」などと言いました。

［正解］ 4

問題24-3

流し釣りのときに使用する、船首を風上に向けるために船尾に装備されたこの帆の名称は何でしょう。

1. スパンキー
2. スパンカー
3. スペンサー
4. スポンサー

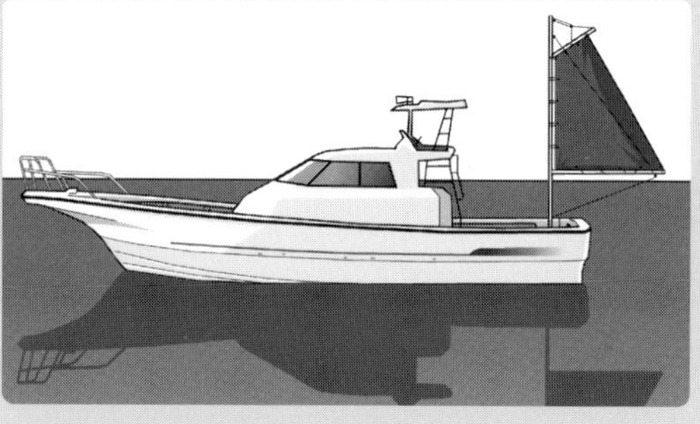

解説

スパンカー

船尾に装着されたスパンカーを展開すると、船が受ける風圧抵抗の中心が後ろに下がり、風の力によって船首を風上に向ける動きをします。ここで随時エンジンの推力を使ってコントロールすることにより、一定の場所に留《とど》まったり、潮の流れに合わせて動かしたりして、任意のポイントで釣りができるようになります。ただ船の形状によっては、スパンカーを展開しても風圧抵抗の中心が十分に後退せず、効果を発揮しません。一般に、漁船タイプでよく利き、クルーザータイプでは利きにくい傾向にあります。

元はシップ型帆船やバーク型帆船の最後部に付くガフセール（縦帆）をさす言葉です。日本の漁師さんはよく「スカンポ」と呼びますが、最近はこれを使った流し釣りが盛んになり、釣りの用語としても一般的になってきています。

［正解］ 2

25 エンジン

問題25-1

平成21年に竣《しゅん》工《こう》予定の第四代南極観測船〈しらせ〉。
では、この砕氷船の推進方式は何でしょう。

1. ディーゼル電気推進方式
2. ジェット推進方式
3. ガスタービン推進方式
4. 原子力推進方式

建造中の〈しらせ〉

解説

砕氷船の推進方式

砕氷船は、主に南極や北極など、氷で閉ざされた海域への航海を目的とし、前進と後進を繰り返したり、乗り揚げたりして氷を粉砕しながら進みます。

氷をゆっくりと割って進む砕氷船には、一般の船舶より大きな推進トルクが要求されます。そこで内燃機関の回転力をそのまま推進器に伝える方式よりも、低回転時の発生トルクが大きい電動モーターを利用した電気推進方式が採用されています。また、電動モーターであるがゆえに、瞬時の前後進の切り替えが可能となっています。

初代〈宗谷〉を除く歴代の南極観測船では、電動モーターを動かす電気を発電するためにディーゼルエンジンを用いた「ディーゼル電気推進方式」を採用しています。

［正解］ 1

問題25-2

船のプロペラ付近を見ると、亜鉛板が貼《は》り付けてあったり、プロペラシャフトに巻いてあったりします。これは、何のために取り付けられているのでしょう。

1. プロペラに海藻が着くのを防ぐ
2. プロペラが魚にかじられるのを防ぐ
3. プロペラが変色するのを防ぐ
4. プロペラが錆びて腐食するのを防ぐ

解説

防食亜鉛

別名、保護亜鉛、ジンクアノードなどと呼ばれるもので、プロペラのほか、海水に浸かっている金属の腐食を防ぐ役割を持つものです。海水内で2種類の金属が近接した状態にあると、その金属のイオン化傾向が上位にあるものから下位のものに向かって海水内を電流が流れ、上位にあるものが溶解します。これを電食といいます。たとえば船舶に多用される鉄と銅の2つの金属が海水に浸かっていた場合、イオン化傾向が上位にある鉄が溶けてしまうのです。

この原理を応用し、鉄や銅よりもイオン化傾向が上位にある亜鉛をわざと設置して、その亜鉛が溶解している間は鉄や銅は電食から守られる、というのが防食亜鉛の仕組み。防食亜鉛は溶け続けているので、定期的な交換が必要です。

[正解] 4

問題25-3

船外機や船内機など様々な形がある小型船舶のエンジン。では、熱くなるエンジンをどのように冷やしているでしょう。

1. 風を当てて冷やす
2. エンジンオイルで冷やす
3. 水をくみ上げて冷やす
4. クーラーをかけて冷やす

解説

小型船舶のエンジンの冷却方式

エンジンに組み込まれているポンプで海水など外の水を吸い上げ、そのままエンジンの冷却経路に流して冷やすのが「直接冷却式」で、これはほとんどの船外機で採用されている仕組みです。冷却の役目を終えた水は外に排出されます。

一方、エンジンの冷却は閉鎖された冷却経路を循環する清水冷却水（クーラント）で行い、その熱を帯びたクーラントを外から吸い上げた水で冷やすのが「間接冷却式」。ヒートエクスチェンジャー（熱交換器）で熱の受け渡しが行われ、クーラントを冷却したあとの水は船外に排出されます。ポンプは二つの冷却経路それぞれに備わります。こちらはほとんどの船内外機、船内機で採用されている仕組みです。

なお、一部の船外機に「空冷式」も存在します。

［正解］3

26 操船理論1（大型船）

問題26-1

大型の船は、ほとんどが鉄で造られています。では、鉄のような水に沈む材料で作られた船でも浮かんでいられるのはなぜでしょう。

1. 船特有の形状には船の重量以上の表面張力が働くため
2. 水中の外板の表面積が俯《ふ》瞰《かん》で見た投影面積より広いため
3. 水の中にある部分の体積に相当する水の重量より船体が軽いため
4. 水に沈んでいる部分の内側にある空気が船体を浮き上がらせるため

解説

浮力

お風呂に入ると体が軽く感じます。このことから、古代ギリシャのアルキメデスは、「水の中の物は、その物が押しのけた水の重さと同じだけの上向きの力を受ける」ということを発見しました。

図1のような鉄球の場合、押しのける水の量はその鉄球と同じ量のため、「押しのける水の重さ＜鉄の重さ」となり、鉄球は沈んでしまいます。

一方、図2のように、図1と同じ重さの鉄を中が空洞の箱型にして、押しのける水の量を増やせば、「押しのける水の重さ＝鉄の重さ」となり、鉄の箱は水に浮いた状態で安定します。

図1

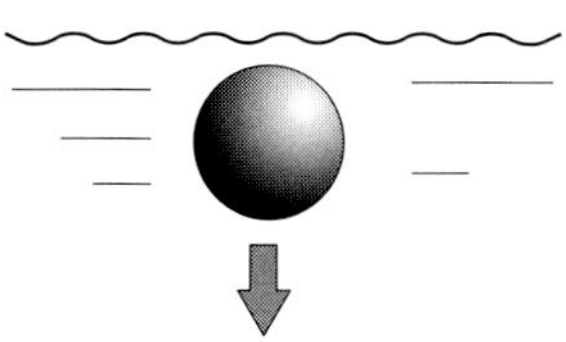

図2

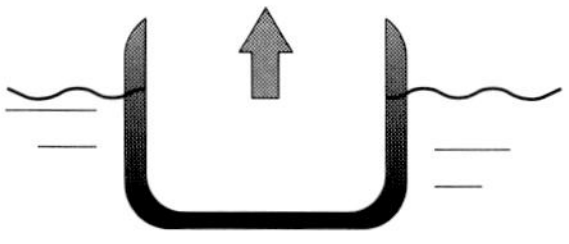

［正解］3

問題26-2

　鉄の塊でできたような潜水艦が、自在に潜航したり浮上できるのはなぜでしょう。

1. 艦内に設けたバラストタンクに海水を入れたり出したりする
2. 艦体の上下方向についたスクリュープロペラの推力を使う
3. 艦内に設けた巨大な鉄球を前後に動かし重心を移動させる
4. 艦内に空気より重い二酸化炭素を満たしたり抜いたりする

解説

潜水艦

　潜水艦を潜航させたり浮上させたりするシステムとして、海水の出し入れを行う「バラストタンク」と、空気を高圧で圧縮して蓄えておく「気蓄器」があります。

　潜行する時はバラストタンクに海水を入れます。すると、艦の重量が浮力より大きくなって沈みます。

　逆に、浮上する時は気蓄器の空気をバラストタンクに注入して海水を排水し、艦の重量を軽くします。

　このほかに水中での姿勢制御用として「トリムタンク」があり、ここに注水して前後左右の傾きを調整します。

［正解］1

問題26-3

波や風によって船が傾くと、そのまま転覆しないで元に戻ろうとする力が働きます。この力のことを何というでしょう。

1. 起倒力
2. 復原力
3. 回帰力
4. 起因力

解説

復原力

船が水に浮かんで静止している場合、船の重さの中心（重心）と船を浮かばせている力の中心（浮心）が、船体中心の垂直線上で釣り合っています。（図1）

船が波や風によって傾いた場合、重心の位置は変わりませんが、浮心の位置は垂直線上からずれます。このずれを元に戻そうとする力を復原力といいます。（図2）

重心が船体の下方に行くほど復原力は大きくなります。ヨットや帆船など、そのままでは重心が高い船は、重心を下げるための重りを船体の下方に載せています。

図1

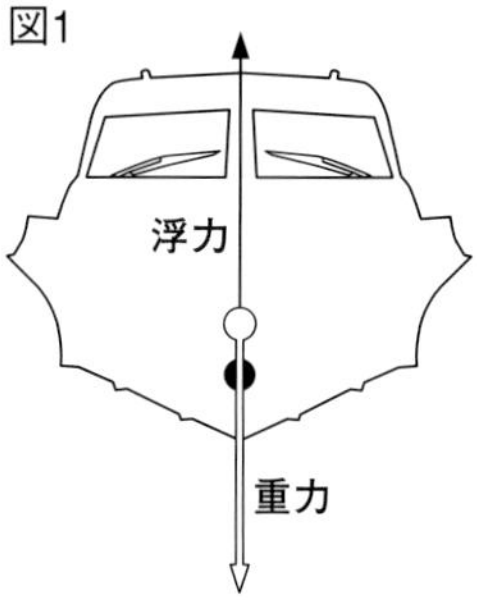

図2

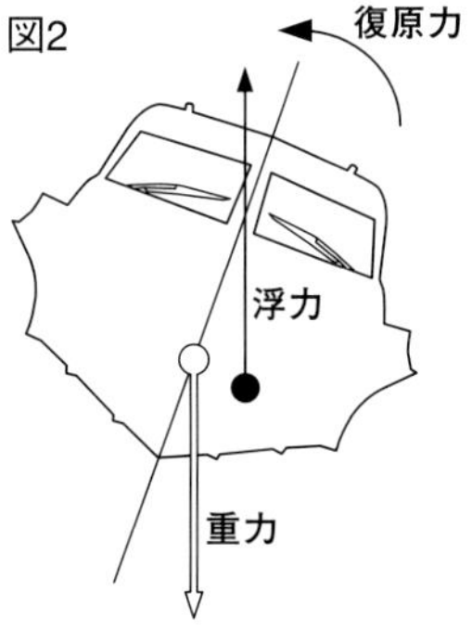

［正解］ 2

27 操船理論2（小型船）

問題27-1

大型タンカーの横を高速で追い越そうとした哲也くん。タンカーの真横に来たところ自分のモーターボートがいきなり予期せぬ動きをして肝を冷やしました。では、どんな動きをしたでしょう。

1. いきなり急ブレーキがかかったように減速した
2. いきなり後ろから押されるように加速した
3. いきなり船首が突っ込んで船尾が持ち上がった
4. いきなり吸い寄せられるようにタンカーに接近した

解説

吸引作用

飛行機の翼の上と下では空気の流れるスピードが違い、これが飛行機を浮き上がらせる揚力を発生させますが、船の周りの水も同じような流れ方をします。

船体の中央部では前や後の方よりも水の流れが速く、外側へ引っ張られるような力を受けることになります。船体が左右対称であるため1隻で走っているときは、この力が左右で打ち消しあっています。

ところが、船が2隻並んで走る状況では、中央部の流れがますます速くなり、2隻の船を引き寄せる力が生じるので、気をつけないと小さい船が大きい船に吸い寄せられることになります。

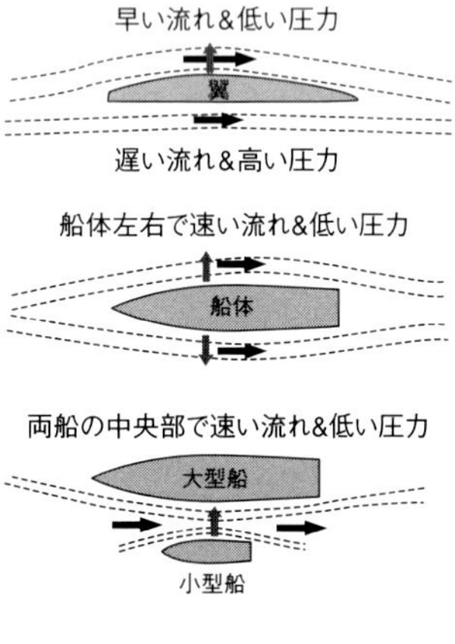

［正解］4

問題27-2

船が舵《かじ》を取った直後、船尾が原針路から反対方向に押し出されます。では、前方至近に発見した障害物を避けるときにも使えるこの現象を何というでしょう。

1. チョップ
2. キック
3. ヘディング
4. パンチ

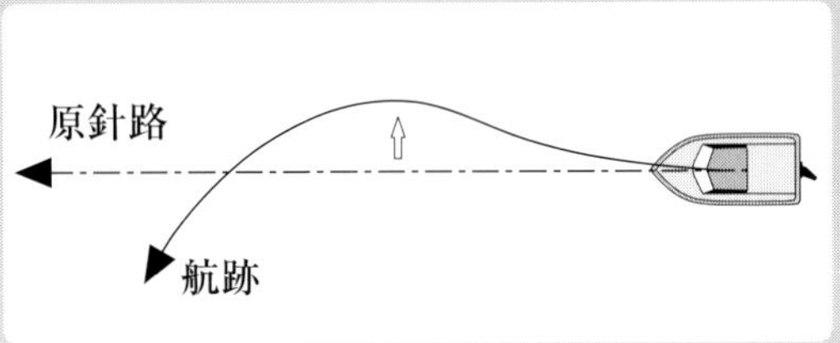

解説

キック

船を旋回させる際、舵を取った直後はその取った方向とは反対側に船尾が押し出されます。この原針路から押し出される距離（重心の偏位量）をキックと言いますが、この作用そのものもキックと呼ばれています。

キックは、人が船から落ちた場合に落ちた方向に舵を大きく取ることで、プロペラへの巻き込みを避けるのに利用できます。

反面、岸壁から離れる際、岸壁との距離が十分でない場面で大舵を取ると、キックの作用で船尾を岸壁に接触させてしまうおそれがあるので注意が必要です。

［正解］2

問題27-3

ヨットは、帆に風を受けることで揚力が発生し、風上に向かっても走れます。では、理論上、どのくらいの角度まで進むことができるでしょう。

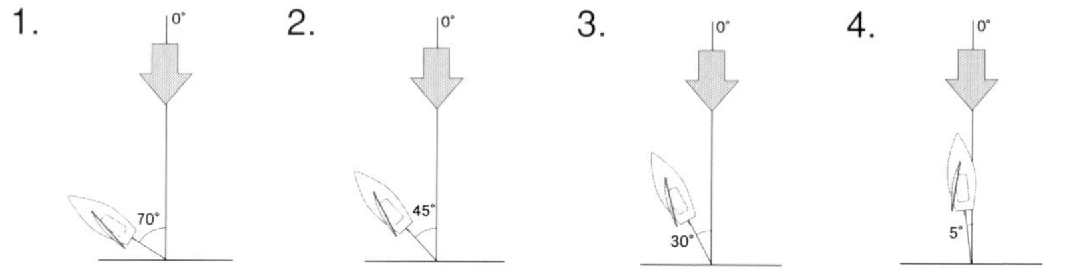

解説

上《のぼ》り角度

帆を張ったヨットは、風の吹いてくる方向（風上）に向かって走ることができます。しかし、帆に風を受けてそこに発生する揚力を利用して風上に向かうわけですから、真の風上には理論上走ることはできません。真の風向を0度として、どのくらいの角度まで上る（切り上がる）ことができるか。その角度のことを「上り角度」といいます。また、風の吹いてくる方向の目的地にどれだけ早く到達できるか。その性能のことを「上り性能」ともいいます。

では最小の「上り角度」とはどの程度かというと、理論上は30度ぐらいまで可能とされています。しかし、あくまで理論上であって、実際には波の状態などさまざまな要素が絡み合いますので、そこまで上ることはできません。軽量なレーサータイプのヨットで40度ぐらい、重いクルージングヨットでは45度くらいが限界です。

［正解］3

28 帆船

問題28-1

練習帆船〈あこがれ〉のデッキはチーク材でできているため、手入れは、水で濡《ぬ》らした後に砂をまいて、砥《と》石《いし》で磨きます。この砥石は、形が聖書に似ていることと、その前にひざまずくようにして作業することから、何と呼ばれているでしょう。

1. バイブル・ストーン　2. クリスマス・ストーン
3. エンジェル・ストーン　4. ホーリー・ストーン

解説

聖なる石

船乗り用語の「タンツー」。これは、朝の仕事始め（ターン　トゥ　ワーク）のことを言います。練習帆船ではこのタンツーに、チーク材で出来た甲板を磨く作業を行います。

甲板磨きには二つの方法があり、一つは亀の子たわしの材料でもあるヤシの実を半分に割った物で磨く方法と、もう1つはホーリー・ストーン（聖なる石）と称する砥石で磨く方法です。

ホーリー・ストーンのいわれは、石の形が聖書に似ていて、甲板をこする様子がひざまずいて祈る格好に見えることですが、ほかにも、昔の帆船では日曜に磨いていたので日曜の石（ホリデー・ストーン）と呼んだ、あるいは、ホーリーは軽いという意味で、軽石を使ったから、など諸説あります。

［正解］4

問題28-2

ほとんどの可動部分をロープで動かす帆船で、すばやくロープを止めたり、一瞬で解いたりするために使うこの道具は何でしょう。

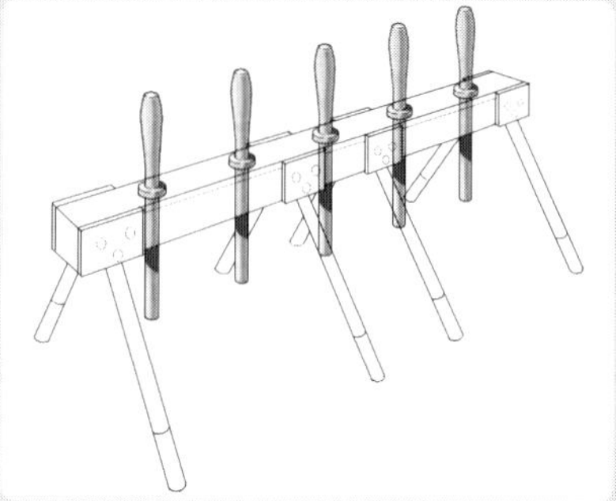

1. ビレイピン
2. スパイキ
3. シャックル
4. テークル

解説

ビレイピン

横浜に展示してある帆船〈日本丸〉。この全ての帆を操るためには、約250本のロープを操作しなければなりません。そのほとんどを留めている道具がビレイピンです。ピンに数回ロープを巻き付けることで確実に留めることができます。

木製のビレイピンは、世界一重い材質のリグナムバイタを使用しています。木製のほかには真鍮《しんちゅう》製のものがあります。

登山用語にもビレイという言葉がありますが、船で使用していたビレイ（belay＝ロープを巻き留める）から転じて、滑落を防ぐために人をザイルで留める、あるいは足場を確保するという意味で使用されています。

［正解］1

問題28-3

世界屈指の帆船〈日本丸〉。縦帆と横帆の張り方から「バーク型」と呼ばれています。では、バーク型のシルエットはどれでしょう。

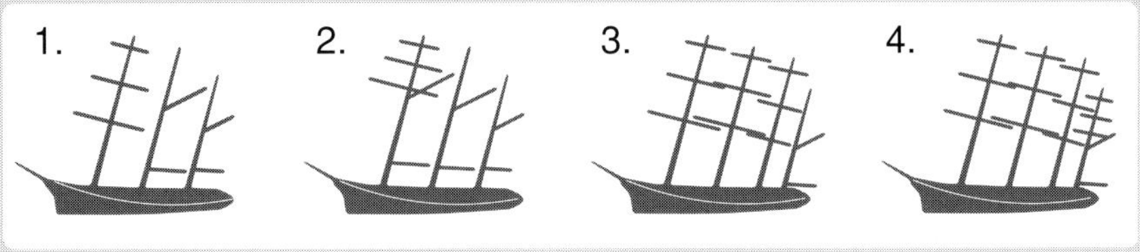

解説

帆装形式

(1)バーカンティーン

マストが3本以上で前部マストだけが横帆で残りのマストは縦帆。

(2)トップスルスクーナー

マストが2本以上で帆のすべてが縦帆のスクーナーのうち、最前部のマストの上部のみ横帆のもの。大阪市所有の練習用帆船〈あこがれ〉がこの型です。

(3)バーク

3本ないし4本あるいは5本マストで、最後尾のマストのみが縦帆でほかは横帆。航海訓練所所有の練習用帆船〈日本丸〉および〈海王丸〉がこの型です。

(4)シップ

3本ないし4本あるいは5本マストで、最後部のマストの最下部のみ縦帆でほかは横帆。船のことを英語でシップというのは、このシップ型から起こったものです。

［正解］ 3

29 大型船

問題29-1

産油国と日本を行き来する大型タンカー。日本から現地へ行くまでは、原油の代わりに海水を満載していきます。では、この海水にはどんな役目があるのでしょう。

1. 暑い産油国に着くまで船体を冷やす
2. 砂漠が多い産油国の現地で淡水化する
3. 良質な日本近海の海水を現地で販売する
4. 海水の重さを利用して船の重心を下げる

解説

バラスト水

大型タンカーに限らず、貨物運搬船は、貨物を積んだ状態で安定して走れるように設計されているため、空荷の状態では重心が上がって不安定な状態になってしまいます。そこで船体の重心を下げ復原性を確保して安全に運航するために、バラストタンクと呼ばれる専用タンクに海水を搭載し、積み荷の代わりとします。これをバラスト水といいます。

IMO（国際海事機関）の推定では、年間約120億トンのバラスト水が地球規模で移動しているといわれます。そのバラスト水には、プランクトンや魚類の卵あるいはその幼生といった微小な生物が含まれます。バラスト水の問題として、このように水とともに移動した水生生物が新たな環境に定着し、もとの海域の生態系に影響を与えることが懸念されています。

［正解］4

問題29-2

世界の海を股《また》に掛ける大型商船。どんなに大きくても、タンカー以外のほとんどの船は、なぜか幅が32mまでとなっています。それはなぜでしょう。

1. パナマ運河を航行できる最大幅が32mだから
2. 船幅が32m以上になると極端に操縦性能が悪くなるから
3. 各国の港の入港税が船幅32mを境に極端に高くなるから
4. 32m以上の船幅の船を造れる技術がまだ確立されていないから

解説

パナマックス

太平洋と大西洋を結ぶパナマ運河は、1914年に竣工《しゅんこう》した閘門《こうもん》式運河で、全長は約80kmあり、3カ所の閘門が設けられています。この運河を抜けるのに24～25時間（待ち時間がなければ8時間）かかりますが、南米の最南端を迂回《うかい》せずに太平洋と大西洋を行き来できる唯一の手段となっています。

この運河を航行できる最大許容サイズをパナマックス（panamax）といい、長さ294m、船幅32m、深さ12mです。

原油などを運ぶタンカーは、航路の関係でここを通過しないため、船幅が32m以上のものが多々ありますが、ほとんどの貨物船や旅客船はこの運河を通航する可能性があるため、船幅が32mまでとなっています。

現在、パナマ運河の拡張工事が進んでおり、2014年の完成時には、船幅約49mまで通航できるようになります。

［正解］ 1

問題29-3

タンカーが運搬する液体貨物の中には、長い航海の間の温度上昇によって、一部が気化してしまうものもあります。では、この気化した貨物を燃料として再利用することでコスト低減を図っているのは、何を運んでいるタンカーでしょう。

1. 原油　　2. 液化石油ガス（LPG）
3. 液化天然ガス（LNG）　　4. 軽油

解説

ボイルオフガス

LNGタンカーは、メタンを主な成分とする液化天然ガス（LNG：Liquefied Natural Gas）を－162℃で液化し、容積を600分の1にした状態で輸送する専用船です。

LNGは防熱処理をしたタンクに積んで運びますが、沸点が－161.5℃と非常に低いため、長い航海中の温度上昇によって、少しずつ気化してしまいます。こうしたボイルオフガスといわれるガスを、そのまま大気中に放出するのはもったいないし、かといって再液化するにはコストが掛かるため、これを燃料として使っています。このため、LNGタンカーは、ボイルオフガスと燃料油の両方を使える蒸気タービンエンジン船が多いのが大きな特徴です。

［正解］3

30 小型船

問題30-1

小型船舶の船体材料として知られるFRP。繊《せん》維《い》強化プラスチックの略ですが、一般的にはどんな繊維が使われるでしょう。

1. アスベスト
2. ガラス
3. セルロース
4. ナイロン

解説

FRP

FRPはFiber＝繊維 Reinforced＝強化された Plastics＝プラスチックの略称で、繊維強化プラスチックのことをいいます。プラスチックそのものは軽量ですが、弾性率が低いため構造用の材料としては適していません。そこで、弾性率を上げるためにガラス繊維をプラスチックの中に入れることによって、繊維と樹脂が合わさり、軽くて強い複合材料であるFRPとなります。ボートやヨットの艇体の素材として使われているほか、バイク、自動車、鉄道、建築産業、医療分野から宇宙・航空産業まで、さまざまな分野で使われています。

FRPは使用する繊維の違いによって、GFRP＝ガラス繊維強化プラスチック、CFRP＝カーボン繊維強化プラスチック、KFRP＝ケブラー繊維強化プラスチックと呼ばれています。

［正解］2

問題30-2

パワーボートのレースにもフォーミュラ・クラスがあり、世界を転戦するF1クラスは世界最高峰のボートレースとされていますが、わが国で開催されているフォーミュラクラスの最大クラスは何と呼ばれているでしょうか。

1. F2
2. スーパーフォーミュラ
3. F3000
4. オフショア

写真提供：マリンスポーツ財団

解説

パワーボートレース

ヨーロッパや中東、中国など世界を転戦するF1クラスは、UIM（国際モーターボート連盟）の管轄下で開催されています。開催地には、カーレースのF1と同様に何万人という観客が集まり、大イベントになります。日本国内のパワーボートレースにおけるサーキットレースとオフショアレースは日本パワーボート協会が統括しており、サーキットレースで行われるフォーミュラクラスの最大クラスはF3000と呼ばれています。カタマラン型の船体、全長4.8m以上、エンジン排気量3,000cc以下（2サイクル環境対応型は1.3倍、4サイクルは2倍までOK）の船外機など、F1と同じレギュレーションが適用されます。時速は200kmを超えるため、観客はその迫力に圧倒されます。

［正解］3

問題30-3

ヨットのマストが折れた時に、折れ残ったマストやスピンポールなどを使って作る応急の帆装のことをどのように呼びますか。

1. イマージェンシー・セール
2. アージェント・リグ
3. ジュリー・リグ
4. レスキュー・セール

解説

ジュリー・リグ

海の上では修理屋を呼ぶわけにはいきません。ヨットやボートの船体やエンジン、関連用品が壊れたとしても、自力でその場をしのぎ、何としても近くの港などに戻って生還しなければなりません。折れたマストを回収し、残ったマストやブーム、スピンポールなど長い棒状のものを、ロープをうまく使って立て、セールをそれに合わせて裁断、展開して走る応急の帆装のことをジュリー・リグ(jury rig)といいます。作り方は千差万別ですが、荒天で遭難してマストを失い、ジュリー・リグを作り、何千マイルも走って生還した例はたくさんあります。ちなみに舵《かじ》がなくなったり、壊れたときに、大きなオールなどを船尾から出してシートウインチで操《そう》舵《だ》索《さく》を引いてコントロールするなど、あり合わせの材料で作る応急の舵《かじ》のことは、ジュリー・ラダーといいます。

［正解］3

少年と舟

学校からの帰り道、小さな川に木の葉を浮かべ、まるで自分の舟のように追いかけたこと、ありませんか。たまには、友だちと一緒になって、木の葉同士で競争です。石の陰の逆流にとどまったり、砂州や川岸のゴミに絡まったり、抜きつ抜かれつ、スリル満点の川下り競争でした。

いまではあまり見られない光景ですが、銭湯では石鹸箱《せっけんばこ》のフタが舟でした。湯船に浮かべ、指でちょんと押しただけですうっと前へ進む。それだけで、まるで自分がその舟に乗っているように想像がふくらんだものです。そして、近所のお兄ちゃんが模型の潜水艦なんぞをもってきた日には、胸がはじけそうなほど感激したものです。その潜水艦は、少年雑誌の付録についてきた輪ゴムを動力とする粗末なものでしたが、別のお兄ちゃんがもってきた小さな軍艦と戦うさまは、少年の心には洋上の大スペクタクルのように映りました。

不思議なものです。そんな粗末なものでも、少年の夢は世界を巡るのです。大人になって、船の世界と関係のない仕事についたとしても、少年時代の船に対する憧《あこが》れは、そのまま変わらずにあるということを、ほとんどの方が感じるようです。

海は世界中につながっている……なんと魅力的な言葉でしょうか。夕凪《ゆうなぎ》の浜辺から見る海も、岩場に荒々しく砕ける波の向こうにある海も、遠いあの国、美しい島々、さまざまな人々、文化とつながっている。そして、その海を自力で渡って行くことのできる「船」。「船」が、少年の心を捉《とら》え、いつまでも憧れの乗り物であり続けるゆえんです。

（琢）

COLUMN

4

船の運航

大自然に叱《しか》られながら、
船を動かす方法を学んできました。

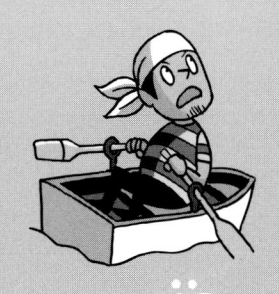

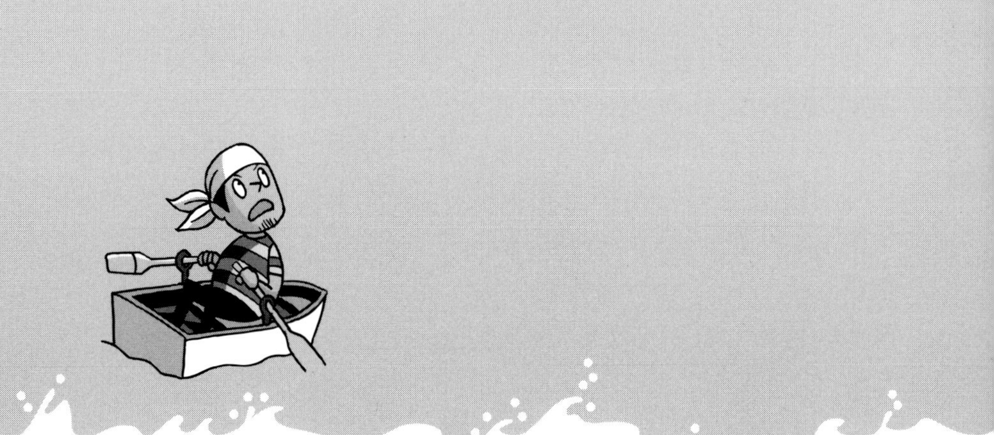

31 航海技術・操船技術1(大型船)

問題31-1

アメリカ西海岸のサンフランシスコは東京と同じくらいの緯度ですが、東京からサンフランシスコに向けて航海するときは、真東に向かわず、アリューシャン列島の近くを通っていきます。さて、それはなぜでしょう。

1. 地球は丸いので、最短距離を取るとアリューシャン列島近くを通ることになるため
2. 東に向かうとハワイ近海を通ることになり、クジラが多くて危険なため
3. 東京から真東に向かう緯度では、東よりの貿易風が強く航行しにくいため
4. 日本の太平洋岸を流れる海流が、北に向かって強く流れているため

解説

大圏航法

地球上の2地点間の最短距離は、地球儀と細いヒモがあればわかります。地球儀上で東京とサンフランシスコを通るようにヒモをぴんと張れば、それが最短航路であり、2地点を通る大圏の一部です。

海図は経度線が平行に引かれた漸長図法で描かれているため、海図上でこの大圏航路をたどると、北の方へ弓状に遠回りをしているように見えますが、実際は最短航路となります。緯度線に沿って真東に行くと、かえって遠回りになってしまいます。日本から北米に向かう大圏航路はアリューシャン列島の付近を通ることになるのですが、この海域は荒天が続くことが多く、航行の難所として知られています。そこで、実際の航海では、大圏航路を踏まえつつ、天候の動向や積み荷の状況、燃料消費量などを考えて、最適な航路を選定しています。

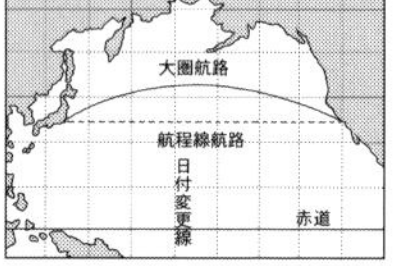

[正解] 1

問題31-2

コンパスの方位は、その昔、十二支で呼ばれていて、経度を表す子午線もこのことに由来します。では、「辰《たつ》巳《み》」とはどの方角のことでしょう。

1. 北東
2. 南東
3. 南西
4. 北西

解説

磁気コンパスの起源

紀元前、中国ではすでに「磁石は南北を指す」ことが知られており、「司《し》南《なん》之《の》杓《しゃく》」という、レンゲの形をした磁石を方位盤の上に載せたものが発明されました。これを発展させたものが風水で使われる「羅《ら》盤《ばん》」で、ヨーロッパに伝わった後、船で使用できるように改良されて磁気コンパスとなりました。

日本においては、羅針盤は和磁石や船《ふな》磁石と呼ばれ、江戸時代の中期ごろから広く普及しました。

当時は年数や時刻、方角等を表すのに十二支が用いられていました。北を子《ね》として右回りに十二支を当て、北東を丑寅《うしとら》、東を卯《う》、南東を辰巳《たつみ》、南を午《うま》、南西を未申《ひつじさる》、西を酉《とり》、北西を戌亥《いぬい》としていました。

［正解］2

問題31-3

昔から北を知るための指針として船乗りに親しまれてきた北極星（Polaris）。北斗七星を使うと簡単に見つけることができます。では、その方法はどれでしょう。

1. ①と②の延長線と③と④の延長線の交点
2. ①と②を結んで①の方向に5倍伸ばした点
3. ①を中心に180度全体を回転させたときの⑦の位置
4. ⑥⑦の延長方向に①から⑦までの距離を足した位置にある点

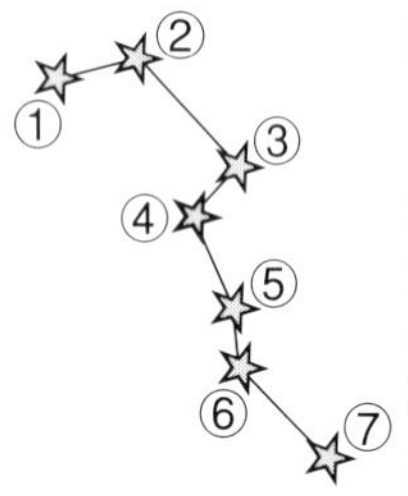

解説

北極星

近年は人工衛星を使った航法装置など、航海計器の発達により、海上で自船の位置をかなり正確に把握できるようになりました。

しかし、その昔は星や太陽の位置などを情報源として自船の位置を知り、航海していました。中でも北極星は動くことがなく、北の方角を知るための情報としてきわめてシンプルで正確なものでした。その後、磁石を用いたコンパスを船乗りたちは使いましたが、何もない時代には、天の極北に位置する不動の北極星は、自船が現在どちらの方向を向いて航行しているのかを知るためだけでも、大切な星の一つでした。

私たちは子供の頃、北斗七星の柄《ひ》杓《しゃく》の先端部分の5倍の位置を探し当てることに、宇宙の不思議を体感したものですが、古代の子供たちも同じようなことをやっていたのでしょうか。

[正解] 2

32 航海技術・操船技術2（小型船）

問題32-1

沿岸で釣りをするときに、ポイントを覚えておくために、陸上の目標を使って海上での正確な位置を知る方法。漁師さんも使うこの方法を何というでしょう。

1. 船立て
2. 竿立て
3. 森立て
4. 山立て

解説

山立て

山立てとは、漁師さんが魚がよくとれるポイントを覚えておき、確実にその場所に移動して漁をするために利用している手法です。

① 手前の物標とその後方にある山の頂を重ねて見る線

② ①のほぼ真横にある物標とその後方にある物標を重ねて見る線

この①と②の交点（前を見ても、横を見ても二つの物標が重なって見える場所）がポイントとなります。

山立ての歴史は古く、縄文時代にはすでに確立されていたという説もあります。また、古来より人々は山立てに使う山や岬、小島などを信仰の対象とし、航行の安全や豊漁を祈願していました。

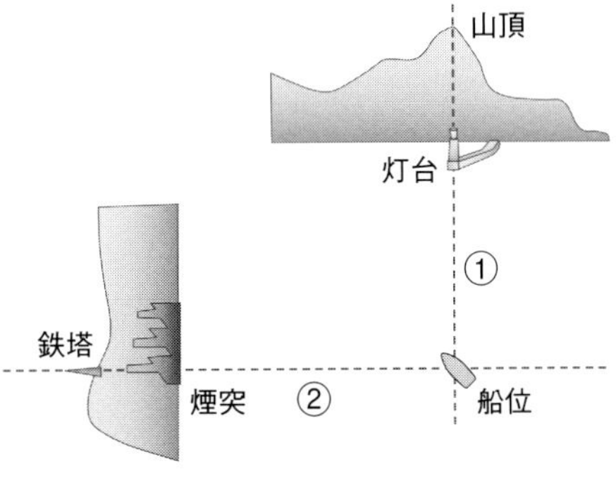

［正解］4

問題32-2

身長170cmの人が海岸線に立って水平線を眺めています。いったいどれくらい先まで見えているでしょう。

1. 約3km
2. 約5km
3. 約8km
4. 約10km

解説

水平線までの距離

地球の半径をR、観測者の身長（目の高さ）をHとすると、水平線までの見通し距離Dは、三平方の定理により

$D^2 = (R + H)^2 - R^2$、すなわち　$D = \sqrt{2RH + H^2}$

で求められます。

身長170cmの人の場合、この式より求められる水平線までの距離はおよそ4.7km。水平線まではそれほど遠くないことがわかります。

なお、上記の式をもっと簡単にした、

水平線までの距離（m）＝ 3,570 × $\sqrt{\text{観測者の眼高（m）}}$

の式でも、おおまかな結果を得ることができます。

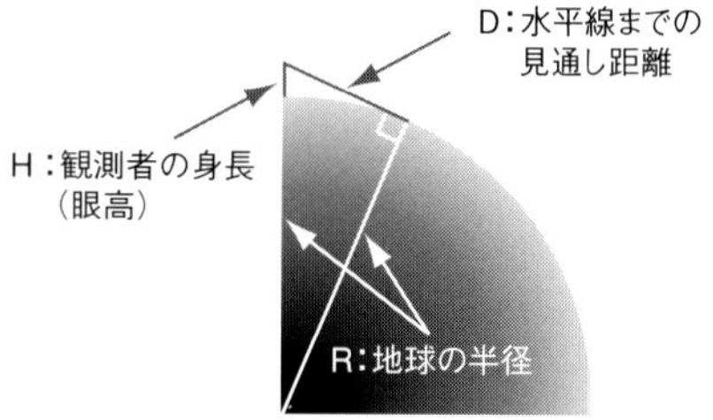

［正解］2

問題32-3

ディンギーの進行方向は、舵《かじ》に直結したティラーを操作して変えますが、図のように右方向へ変針するときは、どのように操作したらよいでしょう。

1. 左へ押す
2. 右へ押す
3. 前へ押す
4. 後ろへ押す

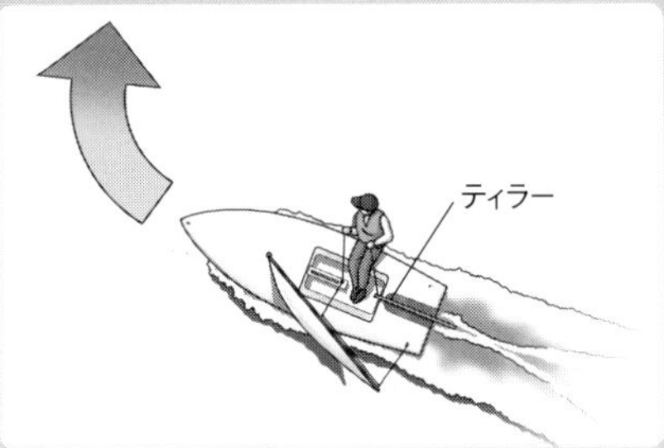

解説

ティラー

キャビンのない小舟のことをディンギーといいます。マストを立てて帆を張ればセーリング・ディンギーとなります。オリンピックなどで競われるヨットはこの種に属します。もちろん、帆を張らずに船外機などのエンジンだけで走るものもディンギーと呼びます。

小舟という意味ではテンダーと呼ぶものもありますが、テンダーはオールなどで推進するために舵が付いていない、ディンギーよりもう少し小ぶりのボートになります。

テンダーに小馬力の船外機を付けて走る場合もありますが、この場合もティラーの操作と同じように船外機の方向を変えることによって左右に変針することができます。

クルマはハンドルを右に回せば、右へ曲がりますが、ディンギーの場合はティラーを右へ押すとラダー（舵板）が左へ動き、艇体は左へ曲がります。ということは、この設問の場合は？

［正解］ 1

33 航行中の船の動き・アンカリング

問題33-1

ブレーキを持たない船は、車のようには急停止ができません。では、原油を満載した30万重量トンの大型タンカーが、16ノットのフルスピードで走っている状態から全速後進をかけた場合、船がほぼ静止するまでに何分くらいかかるでしょう。

1. 約 1分　　2. 約 3分　　3. 約15分　　4. 約30分

解説

最短停止距離

全速前進の状態からエンジンを全速後進にかけ、船が実際に停止するまでに進む距離を最短停止距離といいます。30万重量トンのタンカーの長さは一般に300～340m、最短停止距離はその10～15倍といわれていますから、両者の間をとると、320mの船の最短停止距離はなんと4km、停止に要する時間はおよそ15～20分にもなります。

このような停止を行うのはもちろん緊急の場合に限られます。全速前進からの全速後進はエンジンを壊すおそれがあるので、「クラッシュアスターン」と呼ばれていますが、それほどの大きなリスクを負いながら緊急停止を行ったとしても、15分から20分の間、なすすべもなく船は進み続けることになります。

［正解］ 3

問題33-2

航行中の船体は、波や風の影響を受けて様々な方向に揺れ動きます。では、「ローリング」と呼ばれる揺れはどれでしょう。

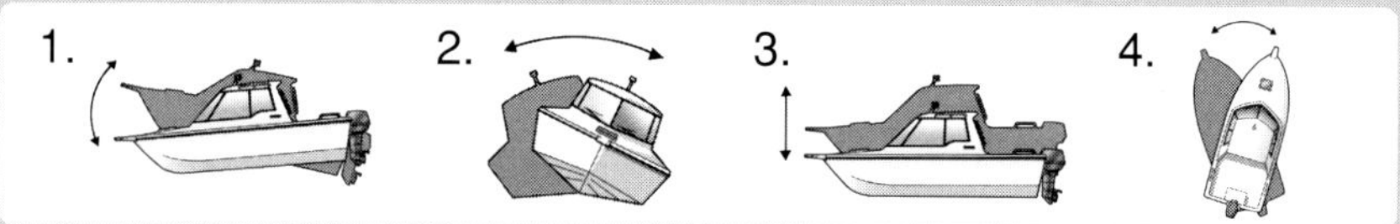

解説

ローリング

ローリングは横揺れのことで、船の重心を通る船首尾方向の軸を中心にした回転運動の揺れをさす言葉です。周期を持った揺れ方をしますが、これが波の周期と一致すると、大きな揺れとなります。どちらかというと静止中に気になる揺れです。なお(1)はピッチング(縦揺れ)、(3)はヒービング(上下動)、(4)はヨーイング(船首揺れ)と呼ばれる動揺です。

［正解］2

問題33-3

アンカリング中に波が高かったり、潮の流れが変わったりすると、海底に食い込んでいたはずの錨《いかり》が外れてしまうことがあります。では、このように錨を降ろしているのに船が流されてしまう状態を何というでしょう。

1. 抜錨《ばつびょう》　2. 流錨《りゅうびょう》　3. 引錨《いんびょう》　4. 走錨《そうびょう》

解説

走錨

船が錨泊(アンカリング)する場合、錨を海底に落とした後、いくらか風下側に引っ張って、錨の爪《つめ》を海底にしっかり食い込ませるようにします。この爪がしっかり海底に食い込んだ状態を「錨が海底を掻《か》いている」と言い、錨が船を止めておこうとする力を「把駐力」と呼びます。

波が高くて船の動揺で錨が引っ張られたり、潮の流れが反転して、錨が反対方向に引っ張られて爪が抜けてしまうと、把駐力がなくなり、船に引っ張られてずるずる移動していくことになります。このような状態を走錨と呼びます。

［正解］4

34 航海計器・通信機器

問題34-1

車での道案内に欠かせない、人工衛星を使って位置を出すカーナビ。船でも同じ方法で船位を求めることができます。この衛星を使った位置測定システム「GPS」の正式名称は何でしょう。

1. グローバル・ポジショニング・システム
2. ガイド・プログラム・システム
3. グラフィック・プロデュース・システム
4. グロス・ポテンシャル・システム

解説

GPS

アメリカが軍事用に開発したもので、現在、約30個が打ち上げられているGPS人工衛星のうち、上空にある数個の衛星からの信号を受信し、地球上のどこに位置しているかを特定するシステムです。

基本原理は――衛星から送られてくる正確な時刻とその信号の到達時間によって、衛星までの距離を測る／3個以上の衛星で同じ計算を行えば、位置が特定できる――というもの。

かつてアメリカ国防省は、民生用のGPSには人為的に精度を下げる「SA」と呼ばれる操作を行っていましたが、2000年に廃止されました。それでも残る測位の誤差を極力小さくするために、正確な位置がわかっている陸上の基地局が発信している誤差データを受信して補正する機器（ディファレンシャルGPS＝DGPS）や、同じく静止軌道の衛星からの補正データを利用する仕組み（WAASやMSAS）を持った機器が登場しています。

［正解］ 1

問題34-2

陸上で事件や事故に遭ったとき、真っ先に通報するのは110番。では、海でのもしもは何番に掛けたらよいでしょう。

1. 110
2. 114
3. 118
4. 119

解説

118番

以前は、海上において事件や事故が発生した場合、海上保安庁に通報しようにも、該当海域を管轄する各海上保安部や保安署に直接電話をするしかありませんでした。そうした「いざというときに、どこに電話をすればいいのかわからない」といった状況を解消し、情報を素早く海上保安庁へ知らせるため、全国統一の覚えやすい電話番号が決められました。それが、平成12年5月1日から運用開始された緊急通報用電話番号「118番」です。

また、平成19年4月1日からは携帯電話による緊急通報の際に、発信者の位置が海上保安庁へ自動的に通知されるようになりました。

［正解］3

問題34-3

ボート釣りの必需品、魚群探知機。水中の様子を知るために、振動《しんどう》子《し》からあるものを発射しています。では、そのあるものとは何でしょう。

1. 超音波
2. ＦＭ電波
3. レーザー光線
4. 高圧ガス

解説

魚群探知機（魚探）

魚探の原理は――船底に取り付けた振動子から超音波を発射する／発射された超音波は、魚群や海底に当たると反射する／反射波の一部は船まで戻ってくるので、それを振動子と一体の受信器でとらえる／超音波を発射してから戻ってくるまでの時間を測ることで、その反射物までの距離（水深）がわかる――というものです。超音波は海中を1,500m/sの速度で伝搬するので、たとえば1秒で戻ってきたとすれば、その水深は750mということになります。魚探に使われる超音波の周波数は、通常15kHzから200kHz程度。周波数が低いほど探知範囲が広く、高いほど分解能力が高いなど、周波数によって特性が異なるので、用途に合わせて使い分けられています。

［正解］ 1

35 航路標識

問題35-1

東京・晴海ふ頭の先端にあるこの信号所。船に対して港への出入りを整理するための「管制信号」を表示しています。では、この「I」の信号はどんな意味でしょう。

1. 港に入ることができる
2. 港から出ることができる
3. 出入航のいずれもできる
4. 出入航のいずれもできない

解説

管制信号

海上保安庁では、港内の特定の航路やその付近水域において、高性能レーダー装置やテレビカメラを使って船舶交通に関する情報を収集し、航行する船舶へ海上交通情報の提供と港内交通の管制を行っています。

各航路の信号所では、管制信号により航路等において船舶の見合い関係が発生しないように、入出航船の通航を制限しています。

（例）京浜港東京区（他の港もトン数以外はほぼ同じです）

I：入航船は入航可、500トン以上は出航禁止

O：出航船は出航可、500トン以上は入航禁止

F：入出航可、東京東航路5,000トン、西航路25,000トン（油送船は東西とも1,000トン）以上の船舶は入出航禁止

X：港長の指示船以外入出航禁止

※「**I**」「**O**」「**F**」は文字の点滅、「**X**」は点灯

［正解］1

問題35-2

日本の海に浮かぶ航路標識のうち側面標識は、水源（港の奥や川の上流）に向かって右が赤、左が緑の塗色になっています。ところがある国に行くと、これとは全く逆になっています。では、日本とは逆の左が赤、右が緑の国はどこでしょう。

1. 韓国　　2.カナダ
3.アメリカ　　4.オーストラリア

解説

側面標識

かつて海上の標識は、国によって様々な方式があり、航海者に混乱を与えていました。そこで国際的に海上標識の方式（浮標式）を統一するため、国際航路標識協会（IALA）が国際会議を開き、採択したのが「IALA海上浮標式」です。

浮標式における側面標識の塗色及び灯色（光の色）の赤を左右のどちら側とするかは各国に委ねられています。ちなみに日本はB地域で、水源に向かって右側が赤（右舷《げん》標識）で左側が緑（左舷標識）になります。

地域名	標識種類	塗色/灯色	主な適用国
A	左舷標識	赤	イギリス、フランス、ロシア、南アフリカ、インド、オーストラリア等
	右舷標識	緑	
B	左舷標識	緑	カナダ、アメリカ、ブラジル、日本、韓国等
	右舷標識	赤	

［正解］ 4

問題35-3

神奈川県の小田原港の入り口に立つこの灯台。地元名産の提灯《ちょうちん》をイメージしています。このように、海上保安庁が地方自治体などと協力して、周囲の環境や景観に合わせて作成した灯台は、通称、何というでしょう。

1. ご当地灯台　　2. デザイン灯台
3. 名物灯台　　4. キャラクター灯台

解説

景観と灯台

灯台を整備する海上保安庁には、近年、地方の歴史、伝統、文化等を後世に伝えるため、これらの特色をとらえたシンボルを付けたり、灯台そのものをモニュメント化してほしいといった要望が地方自治体などからあがってきます。

こういった要望に応えるため、海上保安庁は港湾管理者と協力して、地域の特色をとらえたうえで、周囲の環境や景観にマッチするようにデザイン化された灯台の整備を進めています。

こうして設置された灯台を「デザイン灯台」と呼び、地域のシンボルとして市民に親しまれています。

流氷の天使クリオネのレリーフの付いた網走港の灯台

ヨットの帆をデザインした葉山港の灯台

［正解］ 2

36 海図

問題36-1

海の地図である「海図（チャート）」は、世界各国から様々なものが刊行されています。自国とその周辺海域について刊行する国が多い中で、全世界の詳細な海図を刊行している国はどこでしょう。

1. イギリス　　2. オランダ
3. スペイン　　4. ポルトガル

解説

全世界の海図を刊行している国

1967年に採択された条約に基づき、海図等の改善により航海を容易かつ安全にすることを目的に国際水路機関（IHO）が設立されました。これにより、海図編集に関する仕様、電子海図の技術的な仕様、国際海図に関する仕様等の統一が実現しました。

海図は各国がそれぞれ自国の周辺海域を分担して作成しているため、国によって言語表記等が多少異なります。

イギリスでは、その表記が異なる海図をすべて英文表記にして刊行しています。これによって全世界をカバーする航海用海図が同一表記で使用できるため、外航船などが広く利用しています。

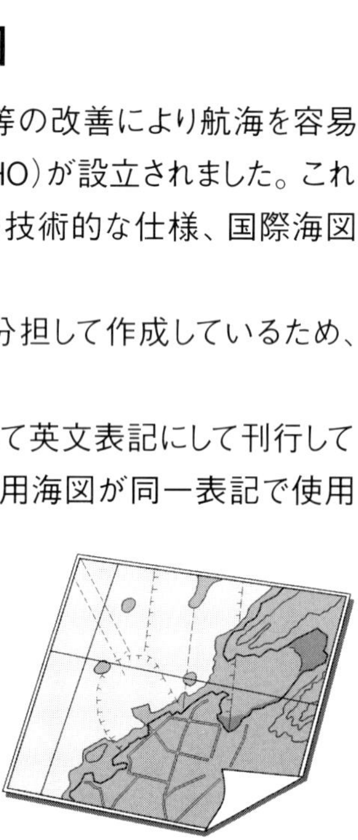

［正解］1

問題36-2

船の運航に欠かせない、海上保安庁が刊行する「海図」。では、明治5年に測量から製図まですべて日本人の手で作られた日本で最初の海図は、どこの港のものでしょう。

1. 北海道小樽港　　2. 岩手県釜石港
3. 神奈川県横浜港　　4. 兵庫県神戸港

解説

日本で最初の海図

日本人の手による海図第1号は、明治5年に測量が始まり、同11年に刊行された「陸中國釜石港之図」、つまり岩手県釜石港のものです。この海図は、1/36,000の縮尺を持ち、当時の英国海図の図式によって険礁・海岸線などが描かれ、山容はケバ式の華麗なものでした。ちなみに水深の単位には尋《ひろ》が使われていました。

釜石港は東京・函館間の中間補給地点として重要な港であり、当時、官営製鉄所建設を直前に控え、入港する船舶の安全を確保するため、海図第1号に同港が選ばれました。

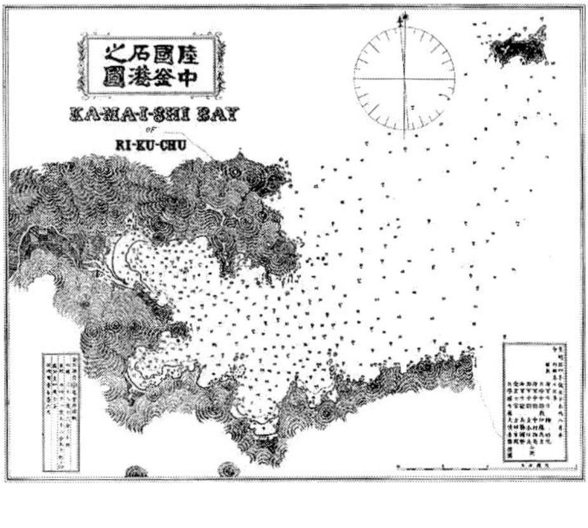

［正解］2

問題36-3

船位を表すときに使用する緯度、経度。このうち、経度は、英国の旧グリニッジ天文台を通る子午線を基準にして東西にそれぞれ180度まであり、標準時を決める基準となります。では、英国と9時間の時差がある日本（の標準となる兵庫県明石市）の経度は何度でしょう。

1. 西経90度　2. 西経135度　3. 東経135度　4. 東経90度

解説

経度と時差

地球は1日1回左回りに自転しています。つまり、360度を24時間かけて一周しています。

時差は、経度によって求めることができ、2地点間で経度が15度違えば1時間の時差があることになります。また、左回りの自転のため、東に行けば時間が早まり、西に行けば遅れます。

経度は、英国の旧グリニッジ天文台を通る子午線が基準（経度0度）になり、ここを中心に東西に180度まで測り、それぞれ東経、西経で表します。

日本は英国より東側にあり、時差が9時間あるので、東経135度に位置します。なお、東経135度は日本標準時子午線と呼ばれ、日本における時刻の標準（JST）を定めるための子午線です。兵庫県明石市には、東経135度線の真上に立つ明石市立天文科学館があります。

［正解］3

37 気象海象・天体1

問題37-1

日本に暖冬や冷夏をもたらす、南米ペルー沖の高水温現象「エルニーニョ」。もともとは、ペルー北部の漁民が、毎年クリスマスのころに現われる小規模な暖流のことをこう呼んでいました。では、エルニーニョとは、スペイン語でどんな意味でしょう。

1. 神のいたずら　2. 神の目　3. 神の子　4. 神の雫《しずく》

解説

エルニーニョとエルニーニョ現象

昔のペルーの漁師たちは、毎年クリスマスのころになると、海水温が上がり、雨も多くなって漁獲量が減少することに気付きました。このことから、ペルー沿岸の人々は、これを季節現象の一つとして、イエス・キリストが生まれた月にちなんで、エルニーニョ(スペイン語で神の子を意味する)と呼ぶようになりました。

このような太平洋赤道域の中央部から南米のペルー沿岸にかけての広い海域で、海面水温が平年に比べて高くなり、その状態が1年程度続く現象をエルニーニョ現象と呼び、こういったときに日本では、冷夏や暖冬となることがよく見られます。

［正解］3

問題37-2

潮干狩りに出掛けるときに気になる潮の満ち引き。場所によっては何メートルも水面が上がったり下がったりするこの現象は、何によって起きるのでしょう。

1. 太陽の日射
2. 月の引力
3. 海から吹く風
4. 地球の傾き

解説

潮汐《ちょうせき》

海水が満ちたり引いたりして周期的に海水面が昇降することを潮汐といいます。潮汐は主に月や太陽と地球との間に働く引力（と遠心力）によって起こります。月の影響が特に大きく、太陽が潮汐に与える影響は、月の半分程度です。

満月や新月の前後数日間（旧暦の1日と15日前後）のことを大潮といいます。このときは、月と地球と太陽が直線的に並んで月と太陽の引力が重なるため、潮の干満の差が大きくなります。月の形状が半月になる、上弦や下弦の月の前後数日間（旧暦の8日と22日前後）を小潮といいます。半月の時には、地球から見て月と太陽は直角の方向にあり、月と太陽の引力が相殺されるので、海面の変化は小さくなります。

［正解］2

問題37-3

世界三大潮流の一つといわれる徳島県・鳴門海峡の潮流。有名な渦潮《うずしお》は、潮流が速いほど大きいものが見られるといいます。では、その見ごろは月がどのように見えるときでしょう。

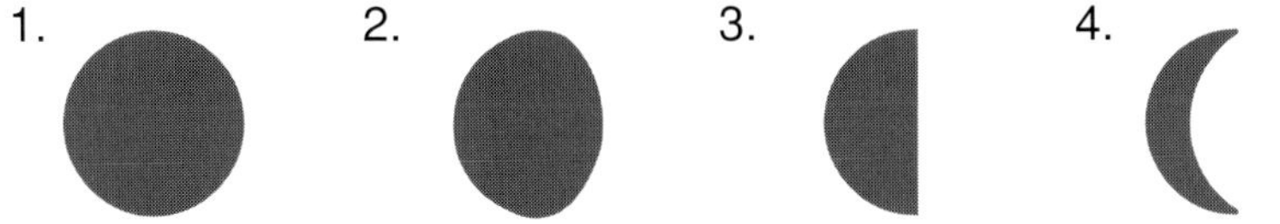

解説

月と渦潮

世界三大潮流の海峡は、鳴門海峡、メッシーナ海峡（イタリア半島とシチリア島の間）、セーモア海峡（北米西岸とバンクーバー島東岸の間）です。

鳴門海峡は、徳島県鳴門市と兵庫県南あわじ市との間にある、幅約1,300mの狭い海峡です。

潮流とは、潮汐《ちょうせき》によって生じる海水の流れのことで、潮汐が大きい（干潮と満潮の差が大きい）ほど潮流は速くなります。月と太陽の引力作用によって起きる潮汐は、月、太陽、地球が一直線上に並ぶ、新月または満月の頃に最も大きくなります。

このことから、鳴門海峡では、満月や新月のころに最も豪快な渦潮を見ることができます。

［正解］ 1

38 気象海象・天体2

問題38-1

航海の大敵、視界を妨げる「霧」と「もや」。同じように見えますが、その違いは何でしょう。

1. 霧は成分が水滴で、もやは水蒸気である
2. 霧は海上で発生するが、もやは陸上で発生する
3. 霧は視程が1km未満だが、もやは1km以上ある
4. 霧は気温が10度以上で発生するが、もやは10度以下でも発生する

解説

霧ともや

霧は、雨粒に比べてごく小さな水の粒が空気中に浮かんで地面に接している状態をいいます。

もやは、空気中の水滴や水分を多く含んだ微粒子によって見通しが悪くなる現象をいいます。

同じように見えますが、視程（水平方向での見通せる距離）が1km未満のものを「霧」といい、視程が1km以上10km未満のものを「もや」と呼んで区別しています。

同じように遠くが見えにくい現象として、乾いた微粒子が原因の「煙霧」、中国から飛んできた砂が原因の「黄砂」などがあります。

霞《かすみ》も遠くがはっきり見えない現象のひとつで春の季語にもなっていますが、気象観測で定義された用語ではありません。

［正解］ 3

問題38-2

海上保安庁所属の通信所から発せられる海上予報や海上警報で「本日は晴天なり」を連呼しているのを耳にします。では、無線機器の試験や調整のための電波発射時に使用するこの言葉の由来は何でしょう。

1. 天候が晴れだと電波に乗せた声が明瞭《めいりょう》に伝わることからきている
2. 電波に乗せたときに一番耳に心地よい言葉であることからきている
3. 品質の劣る無線機でも音が割れずに伝わる言葉であることからきている
4. 英語の発声試験語の「It's fine today」を直訳したことからきている

解説

本日は晴天なり

マイクテストや無線電話の調整のときに発する「本日は晴天なり」は、アメリカのマイクテスト「It's fine today」を直訳したものです。

It's fine today には、英語の発音に必要な要素がすべて含まれていますが、日本語の本日は晴天なりには発声、発音に関して特別な意味はありません。

ただし、法律で試験電波を発射するときにはこの文言を使うように決められています。従って、天気が悪いからといって「本日は曇天なり」とか「本日は雨天なり」とは言えません。

［正解］4

問題38-3

雲や空模様を見て天気を判断することわざ、観天望気。では、ほとんど起こらないものはどれでしょう。

1.朝焼けは雨
2.夕方の虹は雨
3.日傘月傘は雨
4.山の笠雲《かさぐも》は雨

解説

観天望気

観天望気は公式な天気予報として代替えできるものではありませんが、中には科学的な根拠に裏付けられたものもあり、海や山での天候の急変などを予測するための補完手段として知っておいたほうがよいものもあります。特に、小さな漁港など、局地的な気象現象はその地に長く漁業を営む漁業者の間で伝えられるもので、予想が当たる確率が高く、頼りになる天気占いということができます。設問の答えにあるものは全国各地で一般的に伝えられているものですが、(2)の「夕方(あるいは東方)の虹」は「雨」ではなく「晴れ」というのが通説です。

[正解] 2

39 法規

問題39-1

車は、日本では左側通行ですが、お隣韓国では右側通行といったように、国によって通行方法がまちまちです。では、船はどうでしょう。

1. 車と同じで、国によって違う
2. どの国でも右側通行である
3. どの国でも左側通行である
4. 特に取り決めはなく、自由に走れる

解説

右側通行

海上交通ルールが陸上のそれと最も異なることは、海上交通ルールは世界共通であるということです。

世界中の船が守るべき海上交通ルールは、「1972年の海上における衝突の予防のための国際規則に関する条約」で決められ、日本ではここで定められた規定に準拠して、「海上衝突予防法」として法令化されています。

海上交通ルールの原則は2点あり、「動きやすい船が、動きにくい船を避ける」、そして「海の上では、右側通行」です。ただ、海の上は航路のようなはっきりした通行帯がないところがほとんどですから、右側通行の原則は、常時右側を航行しろというのではなく、2隻の船が「衝突しそうだ」、「もしかして衝突するかな？」と判断した場合に適用されます。

なお、陸上の交通ルールには標識や信号に関する取り決めがありますが、海上浮標式は海上交通ルールとは別の取り決めのため、船の灯火の色と標識の塗色や灯色との間には関連がありません。

［正解］2

問題39-2

夜の海を走っていたら、向かって右側に紅色、向かって左側に緑色の灯火をつけた船影を、前方に発見しました。この船は、こちらの船から見てどの方向に走っているでしょう。

1. こちらに向かってきている
2. 右から左に向かって走っている
3. 左から右に向かって走っている
4. こちらと同じ方向に向かって走っている

解説

船の灯火

船舶が夜間航行をする際は、海上衝突予防法の規定により灯火を表示することが義務づけられています。右舷灯（緑色）、左舷灯（紅色）もその一つで、ほかの船舶に自船の進行方向を知らせるのに役立ちます。そのほかに船尾灯（白色）やマスト灯（白色）などがあり、漁船などの特別な作業をしている船は専用の灯火を表示しています。

それぞれの灯火には射光範囲があり、舷灯は正面や真横からは見えますが、真後ろからは見えません。なお夜間とは日没から日の出までのことをいいますが、霧などにより視界が悪い場合には昼間でも表示しなければなりません。

飛行機でも右翼の先端に緑色、左翼の先端に紅色の翼端灯があり、夜間飛行する際は表示することが義務づけられています。

［正解］ 1

問題39-3

ヨット初心者の学くん。彼女と2人でディンギーを楽しんでいると、正面から同じようなディンギーが来て「スターボ」と叫びました。何だか分からずおろおろしていると、相手がさっと変針して、こっちを睨《にら》みながら通り過ぎました。では、学くんはなぜ睨まれたのでしょう。

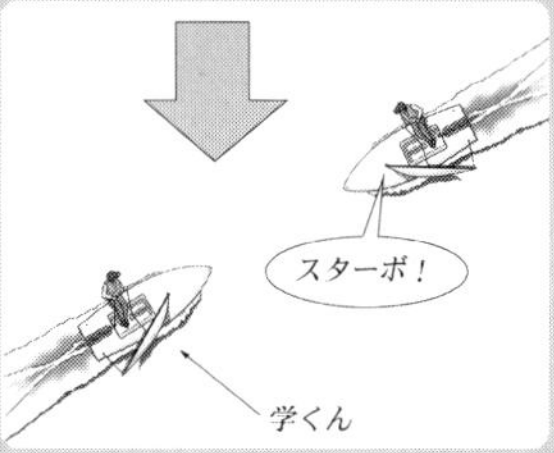

1. 生意気にも彼女を一緒に乗せていた
2. 風下側の学くんに避航義務があった
3. 左舷から風を受ける学くんに避航義務があった
4. 初心者なのに避けようともしなかった

解説

ヨットの航法

海の交通ルール、海上衝突予防法で、ヨットとヨットが接近し、衝突しそうな状況については、次のような原則が決められています。

（1）2隻のヨットの風を受ける舷が違う場合、左舷に風を受ける（すなわちポートタック）ヨットが、右舷に風を受ける（すなわちスターボードタック）ヨットの進路を避ける。

（2）2隻のヨットの風を受ける舷が同じ場合、風上にいるヨットが、風下にいるヨットの進路を避ける。

（1）の状況で、ポートタックのヨットが、スターボードタックのヨットの存在に気付いていないと思ったら、右舷に風を受けるヨットの乗員は相手の注意を喚起するために「スターボード」とか「スターボ」と声をかけることがあります。こうした声をかけられたポートタックのヨットは、ただちにスターボードタックの進路を避けなければいけません。

［正解］3

40 ロープワーク

問題40-1

船を岸壁につなぎとめておくときに使用するロープは、太さによって呼び方が違います。では、大型船に使用される直径40mm以上のロープは、何と呼ばれるでしょう。

1. ホーサー　2. トワイン　3. ストランド　4. ヤーン

解説

ロープの呼称

ロープは、天然繊維や化学繊維を編んだり撚《よ》ったりして作られた綱《つな》ですが、繊維を数十本集めてヤーンを作り、ヤーンを数本撚り合わせてストランドとし、さらにストランドを撚って1本のロープに仕上げます。ロープの撚り方にも、S撚りやZ撚り、クロスエイトなど、さまざまな方法があります。

船舶で使用されるロープの太さには、用途などによっていくつかあり、直径10mm以下を細索(small stuff)、直径10mm超40mm未満を索(rope)、直径40mm以上の太いロープをホーサー(hawser)といいます。大型船に使われるホーサーには、直径120mmという極太のものもあります。

ちなみに、帆船では帆の風下の下隅を引く帆綱のみをシートと呼びます。

［正解］1

問題40-2

船の世界では欠かすことのできないロープワーク。では、欧米で、「ウサギが穴から出て、木を一回りして、また穴に戻る」といって覚えるロープの結び方は何でしょう。

1. 8の字結び　2. もやい結び　3. まき結び　4. いかり結び

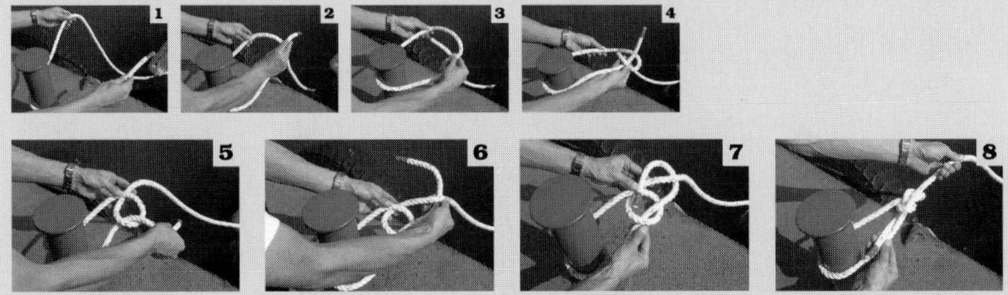

ウサギが穴から出て　木を一回りして　また穴に戻る

解説

キング・オブ・ノット

船乗りの基本的なロープワークの中でも、最も重要な結び「もやい結び」は、別名“結びの王様”（キング・オブ・ノット）と呼ばれています。

欧文名はbowline knotですから、本来は船のバウ（bow＝船首）を岸につなぐためのものでした。輪の大きさが変化せず、引っ張りにも強いうえ、結びやすく、解きやすいために、海だけでなく登山も含めたアウトドアライフ全般、そして日常生活でも応用できます。

船乗りでなくても、目を閉じたままでも結べるようになりたいものです。

［正解］2

問題40-3

ヨット乗りは帆を張るためのロープのことをなぜか「シート」と呼びます。では、このように呼ばれるようになった由来は何でしょう。

1. 船体が傾いて走る帆船は、安全に座っていられるように、ロープで柔軟性のあるシート（座席）を編んだことから
2. ヨットレースのクルーは、守備位置（シート）によって各々のロープワークが異なることから
3. シートは本来「帆《はん》布《ぷ》」の意味で、帆を張る（帆布の下隅にロープを結んで風をはらませる）ためのロープを特にシートと呼んだことから
4. 帆走に使うロープは有機的につながり、まるで切り離す前の1枚の紙に印刷したままの切手（シート）のようだから

解説

シート

船乗りの作業の中で、ロープの扱い方、特に整理の仕方を見ただけでその船乗りの経験の度合いが分かるとさえいわれています。シート（sheet）は本来、帆の風下の下隅を引く帆綱のことをいいます。帆の開き具合を決めるために、引き具合を調整するロープのことをシートと呼びます。ヨットの場合、ジブシートとかメインシートとかを引くことが多いため、ヨットマンはシート以外のロープのこともシートと呼ぶという誤解が生じていますが、ロープ一般をシートと呼ぶのは誤りです。

［正解］ 3

5

船の遊び

［知識・題材］

とにかく、船で旅すると、
楽しい世界が広がるのです。

41 クルージング・セーリング

問題41-1

ドライバーの憩いの場となっている「道の駅」。プレジャーボートを対象として、沿岸部に同じような目的の施設が増えてきました。この施設を何というでしょう。

1. 浜の駅
2. 船の駅
3. 港の駅
4. 海の駅

解説

海の駅

海の駅とは、いつでも、誰でも、気軽に利用できる憩いの場として設置されたマリンレジャーの拠点です。プレジャーボート用の係留施設、周辺観光地などのエリア情報提供、公衆トイレの3機能を備えることが登録における必要最低条件となっています。プレジャーボートの利便性向上を図るとともに、情報発信およびイベント開催などを通して地域振興を図ることも目的の一つ。また災害時の水上交通拠点となることも想定されています。エリアごとに、北海道、東日本、北陸信越、日本海、兵庫県、瀬戸内、四国、九州(沖縄を含む)の八つの「海の駅」設置推進会議が設置されており、既存のマリーナなどを中心に、全国116カ所の施設が国土交通省に登録されています(平成20年7月現在)。

[正解] 4

問題41-2

高知県室戸岬沖でホエール・ウオッチングを楽しんでいたところ、このようなブロー（潮吹き）が見えました。左斜め前方に上がる、特徴的なブローを持つこのクジラは何でしょう。

1. ザトウクジラ
2. ナガスクジラ
3. ミンククジラ
4. マッコウクジラ

解説

クジラの潮吹き

クジラは人間と同じ哺乳類で、肺呼吸をしています。当然、水中での肺呼吸は不可能なので、水面まで出て来てそこで呼吸をします。そのときに現れるのが「ブロー（潮吹き）」です。これは、クジラの吸った湿った空気が噴気孔（鼻孔）から一気に噴出され、それが急激に冷却されて霧状になって白く見える現象です。

クジラの種類によって噴気孔の数や場所が違うため、ブローの形も異なります。歯クジラのマッコウクジラは噴気孔が左前方に1つあるため、ブローは左斜め前方に上がります。ヒゲクジラのミンククジラ、ザトウクジラ、ナガスクジラは噴気孔が頭上部に二つあるため、ブローは真上に高く上がります。漁師さんたちはこの潮吹きの違いでクジラの種類がわかるそうです。

［正解］4

問題41-3

和歌山から福岡へクルージングする計画を立てました。航行予定の瀬戸内海には大きな橋が何本も架かっています。では、この航海でくぐる橋の順番はどれでしょう。

1. 瀬戸大橋 → 来島《くるしま》海峡大橋 → 大鳴《おおなる》門《と》橋《きょう》 → 関門橋《かんもんきょう》
2. 大鳴門橋 → 瀬戸大橋 → 来島海峡大橋 → 関門橋
3. 大鳴門橋 → 来島海峡大橋 → 瀬戸大橋 → 関門橋
4. 瀬戸大橋 → 大鳴門橋 → 来島海峡大橋 → 関門橋

解説

瀬戸内海の橋と潮流

瀬戸内海は、大小あわせて525の島がある多島海です。平均水深は38m、全体としては東へ行くほど浅くなっています。潮の干満が激しく、その差は4mにも達します。海峡部では干満の差によって激しい潮流が起こり、岩礁などにあたり、大きな渦潮を生じるところもあります。鳴門海峡や来島海峡の渦潮は有名です。潮の流れが強く、狭い水路の上を多くの船舶が往来するため、過去には数多くの海難事故が起きています。

本州西部、四国、九州の10府県に囲まれているため、海をまたいで何本もの橋が架けられています。国立公園に指定されている地域が多く、多数の島々が点在する美しい景観は、島々が波打つようで"しまなみ"と呼ばれています。近年は、その島々を結ぶ大橋のダイナミックな景観も、瀬戸内海の景観美のひとつとして親しまれています。

[正解] 2

42 フィッシング・トーイング

問題42-1

海釣りの撒《ま》き餌《えさ》でおなじみの「オキアミ」。集魚効果は抜群ですが、使いすぎで海洋汚染の俎《そ》上《じょう》にあげられることもあります。では、このオキアミの主要な漁獲海域はどこでしょう。

1. 地中海
2. 南氷洋
3. 南シナ海
4. 富山湾

解説

オキアミ

オキアミは海中の植物プランクトンを食べて成長する甲殻類で、食用だけでなく、各種の漁業や養殖用のエサとして幅広く利用されています。プレジャーボートの釣りでも、オキアミは広く使用されていて、ハリに付けるエサとしてだけでなく、魚を寄せるための撒きエサとしても活用されています。

オキアミの正式名は「南極オキアミ（英名でANTARCTIC KRILL）」。その名前にあるように、南極周辺の海域に広く生息していて、クジラ類やアザラシ類、あるいは鳥類や魚類のかっこうなエサとなっており、南氷洋における生態系を支える鍵種となっています。

［正解］2

問題42-2

米粒に似た卵を持つことから命名されたイイダコ。イイダコ釣りは、その習性を利用してある食べ物をエサとして利用します。では、その食べ物とは何でしょう。

1. らっきょう

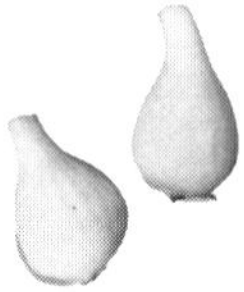

2. 梅干し

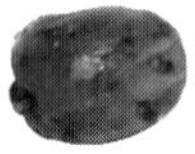

3. なす

4. しいたけ

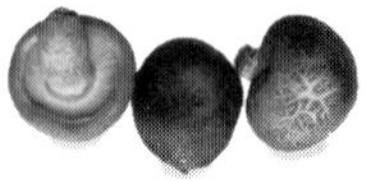

解説

イイダコ

イイダコは全長10～20cmほどの小型のタコで、北海道から九州まで幅広く分布しています。内湾の浅場にある砂地などに生息していることが多く、プレジャーボートの釣りにおいても、イイダコは手軽に楽しめるターゲットとして人気があります。また、食べて美味《おい》しいという点も人気の理由になっていて、塩ゆで、空揚げ、煮つけなど、独特の食感をさまざまな調理法で味わうことができます。

このイイダコを釣る方法として知られているのが、テンヤに塩ラッキョウを巻いた状態で底を探っていくスタイル。白い貝などに抱きつくイイダコの習性を利用したもので、現在もこの仕掛けを愛用している人が少なくありません。

［正解］ 1

問題42-3

釣りに使われる重りの大きさを表す号数。1号は3.75gに相当します。では、この1号に相当する重さの単位は何でしょう。

1. 1貫（かん）　2. 1斤（きん）　3. 1匁（もんめ）　4. 1文（もん）

解説

号数

重さや長さの基準となる単位は、それぞれの国や地域によってさまざまな規格が採用されています。現在、重さの単位として広く認知されているのは重量キログラムですが、釣りの世界ではオモリの重さを表記するのに、号数が使われることが少なくありません。

1号のオモリとは、重量キログラムの表記に換算すると3.75gに相当します。この問題にある単位を重量キログラムに換算すると、1貫が3.75kg、1斤が600g、1匁が3.75gを表すので、1号は1匁と同じ重さということになります。1文というのは足袋《たび》や靴などに使われている長さの単位で、約2.4cmに相当します。ちなみにこれらの単位は、銭貨の単位としても使用されていました。

［正解］3

43 クッキング・魚の知識

問題43-1

史上初めて壊血病による死者を出さなかった航海として有名なキャプテン・クックの南太平洋探検。原因不明の難病として恐れられた壊血病の原因となるビタミンC不足を予防するために、この航海でよく食べられたものとは何でしょう。

1. ジャガイモの砂糖漬け　　2. キャベツの塩漬け
3. ニンニクのワイン漬け　　4. キュウリの酢漬け

解説

壊血病防止

大航海時代、船乗りにとって出血性の障害が各器官に起こる「壊血病」は、海賊よりもさらに恐れられていました。壊血病が頻発するのは、大勢の乗員による衛生基準の恐ろしいほどの低さと、海上で長期間過ごすがゆえの栄養補給の不十分さが原因だといわれていました。

そこで英国海軍のキャプテン・クックは、〈エンデバー〉号による南太平洋探検の第1回世界周航において、キャベツの塩漬け（ザワークラウト）や果物などでビタミンCを補給することに気を配り、船内を清潔にし、船員の健康管理に力を注ぎました。その結果、史上初めて壊血病による死者を出さない航海を成し遂げました。

［正解］2

問題43-2

連合艦隊を率いて大活躍した東郷平八郎が、イギリス留学中に食べて感銘を受けたビーフシチューを、搭乗艦の料理長に艦上食として作るよう命じました。料理長が話からイメージして仕上げた、ビーフシチューとは似ても似つかぬ料理とは何でしょう。

1. カレーライス　2. 肉じゃが　3. けんちん汁　4. ポトフ

解説

和式ビーフシチュー?

ロシアのバルチック艦隊を破り、世界中にその名を知らしめた東郷平八郎。彼が舞鶴鎮守府の初代鎮守府長官に着任した際、イギリス留学時代に食べたビーフシチューの味が忘れられず、部下に命じて作らせました。

しかし、当時の日本にはワインやデミグラスソースがなく、砂糖、しょうゆを使って作ったところ、できあがったのはビーフシチューとは似ても似つかぬ料理でした。これが肉じゃがのはじまりといわれています。

味はビーフシチューには程遠いものでしたが、兵士たちにおおいにもてはやされ、海軍に広まりました。

今では、「おふくろの味」の代名詞となっていますが、意外にも全国的に普及したのは、昭和40年ごろでした。

［正解］2

問題43-3

幕末、4隻の黒船が浦賀に来航した際、艦隊を率いるペリー提督が、幕府の役人にある飲み物を振る舞ったとされています。役人たちがコルクを開ける音を銃声と勘違いして、すかさず刀に手をかけたという逸話が残るこの飲み物とは何でしょう。

1. ワイン　　2. ビール　　3. コーラ　　4. ラムネ

解説

ラムネの由来

ラムネ（炭酸レモネード）が日本に伝わったのは、嘉永6年（1853年）、ペリー提督が浦賀に来航したときといわれています。

艦上で江戸幕府の役人たちとの交渉の際、ペリー側からラムネが振る舞われましたが、この時のコルク栓を開ける「ポン！」という音を、役人たちは銃声と勘違いし、「新式の鉄砲か！」と思わず刀に手を掛けたというエピソードが残されています。

「ラムネ」という名称は、レモネードがなまったものといわれています。また、歴史の古い飲み物だけあって、ラムネは夏の季語として俳句でも使われています。

［正解］ 4

44 海に関する雑学1

問題44-1

水上での事件、事故に対応する警察と海上保安庁では、管轄が明確に分かれています。では、その境界となるのはどこでしょう。

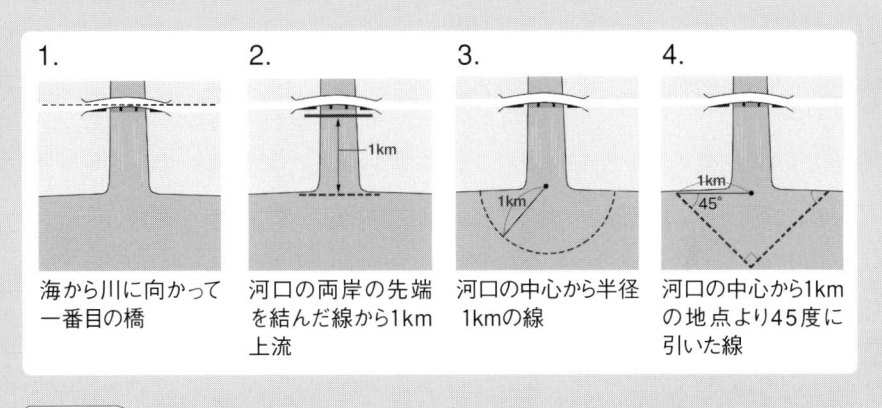

1.

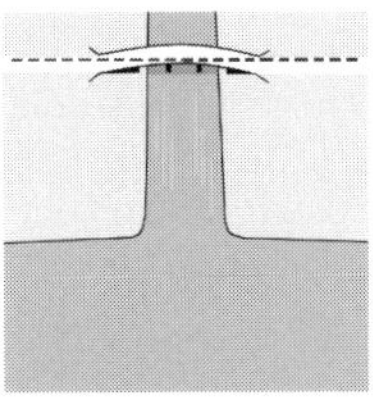

海から川に向かって一番目の橋

2.

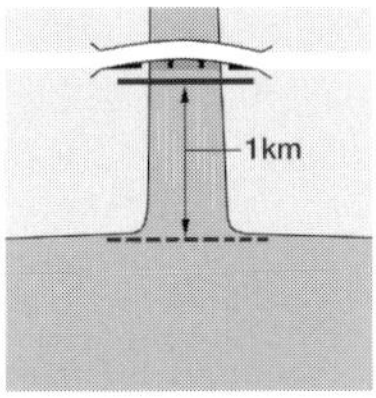

河口の両岸の先端を結んだ線から1km上流

3.

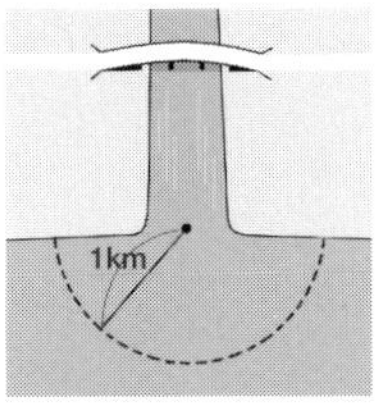

河口の中心から半径1kmの線

4.

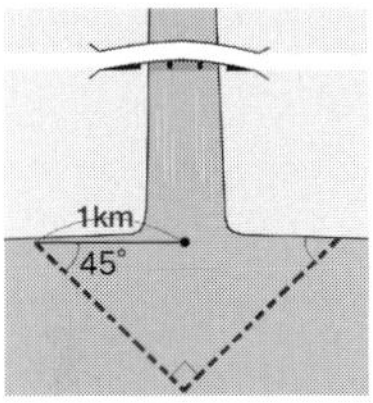

河口の中心から1kmの地点より45度に引いた線

解説

海上保安庁と警察

水上で事件や事故が起こった場合、「管轄（警察、海上保安庁）がわからないのでどちらに通報したらいいのか」という話をよく聞きます。基本的に海での事件や事故の対応は海上保安庁が行い、河川での対応は警察が行います。もちろん、内陸部にある湖については、警察の管轄になっています。

難しいのは河川と海が接する河口付近ですが、基本的に海から川に向かって1番目の橋までを海上保安庁が管轄しており、その橋より上流については警察の管轄となっています。

ただし、埋め立てなどで本来の第一橋の下流に橋が架けられた場合も管轄の境界は変わらないため、境界が第一橋ではない場合もあります。

［正解］1

問題44-2

全国47都道府県の中で、海岸線の長さが一番長いのは北海道です。では、二番目に長い県はどこでしょう?

1. 青森県
2. 新潟県
3. 長崎県
4. 鹿児島県

解説

海岸線の長さ

日本は、北海道、本州、四国、九州といった四つの大きな島と沖縄をはじめとする大小6,852の島々からなる島国です。その島々を取り囲む海岸線の総延長は約35,000kmあり、地球の一周の長さ約40,000kmのおよそ85%にも及ぶ、国のスケールをはるかに超えた長さがあります。

この海岸線の長さを各県別で見てみると、第1位北海道4,392km、第2位長崎県4,187km、第3位鹿児島県2,665kmとなります。(国土交通省・海岸統計より)

北海道以外の2県は、県の面積は小さいのですが、島の数が非常に多いため、海岸線が長くなっています。海岸線が長そうに見える青森県は約750kmで15位、新潟県は約640kmで21位です。

ちなみに、世界で海岸線の長い国第1位はカナダで、日本は第5位(グリーンランドを入れると第6位)です。

[正解] 3

問題44-3

全世界の海を表す言葉として使われる「七つの海」。では、太平洋、大西洋を除く七つの海を正しく表したのはどれでしょう。

1. 南極海、北極海
2. 南極海、北極海、インド洋
3. 南極海、北極海、インド洋、地中海
4. 南極海、北極海、インド洋、地中海、カリブ海

解説

七つの海

全世界の海を示すという「七つの海」とは、北太平洋、南太平洋、北大西洋、南大西洋、インド洋、北極海、南極海をいいます。イギリスの詩人、ラドヤード・キプリングが19世紀末（1896年）に刊行した詩集「七つの海」の中で挙げたそうです。それ以前は北海やバルト海、地中海、紅海などが入った七つの海があったようです。

［正解］2

45 海に関する雑学2

問題45-1

日本国内で、小型船舶の在籍数が一番多い県はどこでしょう。

1. 神奈川県　　2. 和歌山県　　3. 広島県　　4. 長崎県

解説

小型船舶在籍数

小型船舶とは、法律上、総トン数20トン未満の船舶をいい、モーターボートやヨット、水上オートバイや漁船などいろいろな種類の船があります。

日本小型船舶検査機構（JCI）の統計資料、平成19年度小型船舶都道府県別在籍船数によると、在籍数第1位は広島県で、以下愛知県、北海道と続きます。

政令指定都市の広島市を中心とする広島湾北部沿岸は、人口が集中しているうえに、航行水域が外洋に面していない静穏度が高い瀬戸内海です。プレジャーボートが安心して航行でき、釣りやクルージングに絶好のポイントに事欠きません。そういった環境が身近にあるがゆえに、小型船舶の在籍数が一番多いのかもしれません。

［正解］3

問題45-2

創業者2人がともに東京高等商船学校出身であるこの会社。船に関係する職業名を社名にし、浮輪をかたどった社章を使うこの会社の業種は何でしょう。

1. 万年筆製造　　2. 食品販売　　3. 書籍出版　　4. 自動車学校

解説

パイロット社の由来

大正7年、東京高等商船学校出身の同校教授が万年筆用金ペンの製作に成功し、同窓生の協力を得て「株式会社並木製作所」を設立して万年筆の製造販売を始めました。その後、会社の進展に伴い「パイロット萬年筆株式会社」と改称しました。

この「パイロット」の名は大船の先頭に立って進む「水先案内人」を表し、社章の浮輪はどんな荒波にも不沈であれという「難関突破」の精神と、友情の固い絆《きずな》を表しているそうです。

(現在の社章)

［正解］1

問題45-3

艦橋や甲板などの厳しい気象条件下で使用するため、風向により左右どちらにでも前合わせを変えることが可能な、イギリス海軍が艦上用の軍服として採用していたこのコートを何というでしょう。

1.シーコート　2.イーコート　3.ピーコート　4.ジーコート

解説

ピーコート

ピーコートは15世紀のオランダの漁夫や水兵などが着ていた「ピイヤッケル(pij jekker)」が語源とされています。粗い毛織物(ピイ)の厚手の防寒上着でした。それが他国の船員にも着用されるようになり、一般のファッションとしても普及しました。

［正解］3

46 文学

問題46-1

エスプレッソを主体とするシアトルスタイルカフェ・ブームの火付け役、「スターバックス」。店名は、ハーマン・メルヴィルの小説「白鯨」に登場するスターバックに由来します。では、捕鯨船の乗組員だったスターバックの職名は何でしょう。

1. 一等航海士　　2. 二等機関士　　3. 甲板長　　4. 砲手

解説

スターバックスと「白鯨」

スターバックスコーヒーは、1971年にシアトルで創業し、エスプレッソバーが大ヒットして現在の地位を確立しました。社名は、シアトル近郊のレーニア山にあったスターボ採掘場と、小説「白鯨」に登場する捕鯨船の一等航海士スターバックから、またロゴマークのセイレーン（人魚）は、コーヒーで人々を大いに魅了したいとの願いから採用されたとのことです。

「白鯨」はアメリカの作家ハーマン・メルヴィルが1851年に発表した長編小説です。モービーディックと呼ばれる凶暴なクジラに片足を食べられ、遺恨を残す捕鯨船のエイハブ船長が、数年の歳月を経て、再びこのクジラと対決する話です。メルヴィル自身が捕鯨船の水夫として働いた経験があり、その緻《ち》密《みつ》な描写から海洋文学の傑作と評されています。

[正解] 1

問題46-2

水産庁の調査船に、船医として乗船した記録をおもしろおかしくつづった「どくとるマンボウ航海記」の作者はだれでしょう。

1. 開高　健
2. 石原慎太郎
3. 北　杜夫
4. 井伏鱒二

解説

北 杜夫

昭和2年5月1日生まれ。東京都出身の作家、エッセイスト、医学博士。「どくとるマンボウ航海記」(昭和35年刊行)は、慶応大学医学部の医局員であった氏が、船医として水産庁の漁業調査船に乗り組んだときの紀行文です。アジアを経由して欧州、アフリカへ赴き、再び日本に戻ってくるまでの約5カ月の間の出来事をユーモラスにつづっています。当時すでに作家としてデビューしていた氏は、この一冊を機に一躍有名作家となり、今日に至ります。

それにしても、文中に出てくるサメに砂糖水を飲ますと死んでしまうという話は本当なのでしょうか？

[正解] 3

問題46-3

「トムソーヤの冒険」の作者であり、東京ディズニーランドにあるウェスタンランドの蒸気船の船名にもなっているマーク・トウェイン。このペンネームは、作者がミシシッピ川の水先案内人だったときによく聞いた言葉に由来します。では、その由来とは何でしょう。

1. 蒸気船が安全に航行できる水深である2尋《ひろ》から。
2. 自身が乗船していた蒸気船である第2便から。
3. 蒸気船の1回の船賃である2セントから。
4. 蒸気船の出航時間である午後2時から。

解説

マーク・トウェイン

アメリカの小説家、マーク・トウェイン（1835～1910年）は、本名をサミュエル・ラングホーン・クレメンズといいました。

1850年代のミシシッピ川では、川を航行する船の水先案内人に、川の深さを教える役目の人がいました。当時の長さの単位“ファゾム”で測り、それを水先案内人に伝えたのです。ファゾムとは日本でいうところの「尋《ひろ》」で、もともとは両手を左右にいっぱいに伸ばしたときの長さです。イギリスでは1ファゾムは6ft＝2yd＝1.8288mとされています。例えば2（two）のことは古い言葉でtwainと言ったので、深さが2ファゾムあるときは「by the mark twain!」と言いました。

当時ミシシッピ川で水先案内人をしていたサミュエル・クレメンズは、ここからマーク・トウェインというペンネームにしたとされてます。

［正解］1

47 映画・音楽

問題47-1

カヌーイスト・野田知佑《ともすけ》氏のかつての相棒で、日本初のカヌーに乗れる「カヌー犬」といわれた今は亡き犬を題材に、作家・椎名 誠氏が監督を務めた映画作品は何でしょう。

1. ガクの冒険
2. タロウのおつかい
3. テツの気まぐれ
4. チャッピーの休日

解説

野田知佑・椎名 誠と「ガク」

野田知佑：昭和13年熊本県生まれのカヌーイスト。日本のリバーカヤックの先駆者で、愛犬「ガク」とともに世界中の川を下る旅を続けました。ガクは「カヌー犬」として有名になり、14年にわたる長旅の後、フィラリアでその生涯を閉じます。

椎名　誠：昭和19年東京都生まれの作家、エッセイスト。野田氏と親交が深く、野田氏の愛犬「ガク」の名は椎名氏の息子「岳」の名をとったものでした。

「ガクの冒険」は平成2年に椎名氏が初メガホンを取った55分の作品で、野田氏のカヌーから川に転落してしまったガクの冒険の様子が描かれています。当時劇場公開はされず、全国のホールや公民館などを順次巡って上映されました。

［正解］1

問題47-2

映画「パイレーツ・オブ・カリビアン」で、ジョニー・デップふんするキャプテン・ジャック・スパロウの帆船の船名は何でしょう。

1. ドーントレス号
2. インターセプト号
3. ブラックパール号
4. フライング・ダッチマン号

解説

カリブの海賊

ウォルト・ディズニー自身が監修した最後のアトラクション「カリブの海賊」は、1967年カリフォルニアのディズニーランドでオープンしました。海賊たちの世界観を壮大に表現し、東京ディズニーランドにおいても1983年の開園以来、人気のアトラクションとなっています。

このアトラクションを映画化したのが「パイレーツ・オブ・カリビアン」シリーズです。

2003年公開の第1作(副題「呪《のろ》われた海賊たち」)は、バルボッサーら航海士率いる船員たちの反乱により〈ブラックパール〉号を乗っ取られた船長のジャック・スパロウが、恋人エリザベスを助けるために彼を頼ってきたウィル・ターナーとともに、バルボッサーを倒して船を取り戻すまでのストーリー。全世界興行収入6億5,300万ドルの大ヒットを記録し、その後2007年までに2作の続編が製作されました。

[正解] 3

問題47-3

映画「タイタニック」で、〈タイタニック〉号が沈没した直接の原因は何でしょう。

1. 津波を受けて転覆した
2. 氷山に衝突した
3. 潜水艦と衝突した
4. ハリケーンによる高波を受けた

解説

タイタニック

全長268.8m、全幅27.7m、総トン数46,328トン。当時世界最大の豪華客船〈タイタニック〉は1912年4月10日、E.J.スミス船長以下、乗員乗客合わせて2,200人以上を乗せて、イギリスのサウサンプトン港から処女航海に出航しました。最終目的港はニューヨークでしたが、出航から5日目の4月14日、大西洋のニューファンドランド沖に達したときに高さ20m弱の氷山に衝突しました。その日は朝から当該海域における、流氷群の危険を知らせる無線通信が受理されていたのですが、いつものこととないがしろにされていました。さらに当直用望遠鏡の入ったロッカーの、鍵の引き継ぎが出航前にできていなかったために望遠鏡を使用することができず、肉眼で氷山を発見したのはわずか450m手前だったのです。衝突から2時間40分後の15日2時20分、海底に沈没。犠牲者数は1,513人（さまざまな説があります）にも達し、当時世界最悪の海難事故となりました。

［正解］2

48 漫画・テレビ

問題48-1

ホウレン草を食べて超人的なパワーを発揮するセーラー服姿の小男、ポパイ。では、その恋人と、恋敵の大男の名前の組み合わせはどれでしょう。

1. ルーシー　……　チャーリー
2. フローレン　……　スナフキン
3. オリーブ　……　ブルート
4. アリエル　……　トリトン

解説

ポパイ・ザ・セーラー

1929年、ポパイは米国の漫画家E.G.シーガーの「シンブル・シアター（Thimble Theatre）」という作品に初めて登場します。当初、物語の主人公は別の人物で、オリーブは主人公の恋人、ポパイは主人公に雇われた船員で、ただの脇役でした。しかしその独特の風貌《ふうぼう》とセリフまわし、なにより不死身のキャラクターで、またたく間に読者の支持を集め、主役の座と、そしてオリーブのハートを射止めました。

一方ブルートは単なる悪役としてスポット的に登場し、ポパイにやっつけられて同作品から姿を消しましたが、後にアニメ化の権利を得たフライシャー兄弟が、ポパイの宿敵として再登場させました。オリーブに横恋慕し、力ずくで我がものにしようとしますが、最後はいつもホウレン草を食べたポパイにやっつけられます。

「ポパ〜イ、助けて〜」「オー、なんてこった い!」

［正解］3

問題48-2

ピーターパンの宿敵で、切り落とされた右手をワニに食べられた海賊船の船長。身だしなみにうるさくきれい好きなくせに、とっても残酷な性格で手下たちからも恐れられている彼は誰でしょう。

1. キャプテンスモーレット
2. キャプテンハーロック
3. キャプテンフック
4. キャプテンキッド

解説

ピーターパンとジェームスフック

ピーターパンはイギリスの劇作家J.M.バリが1902年に発表した小説「小さな白い鳥」に初めて登場します。もとは主人公が思いを寄せる女性の息子のために作ったお話の主役でした。2年後、この作中作は独立した戯曲として上演され、大成功を収めました。その後バリが発表したいくつかのストーリーのうち、1911年の「ピーターパンとウェンディ」が今日の物語の原作となっています。

大人になることを拒否し、ネバーランドに移り住んだピーターパンは冒険の日々を送ります。海賊のフック船長はピーターパンに切り落とされた右腕に鈎針《かぎばり》を付け、復讐《ふくしゅう》を企てますが、最後はピーターパンとの戦いに敗れ、海に蹴《け》落《お》とされて時計ワニに食べられてしまいます。

原作ではピーターパンは悪ガキの象徴、フック船長は外見は紳士的に見えても狡猾《こうかつ》な大人の象徴として描かれているのです。

［正解］3

問題48-3

サザエさんの母、磯野フネ。静岡県出身の彼女の旧姓は何でしょう。

1. 石田　2. 山口　3. 滝川　4. 海野

解説

海系の名前

国民的アニメ「サザエさん」に登場する家族の名前には、海系の言葉が含まれています。主人公はフグ田サザエですし、夫はマスオさん。お父さんは磯野波平ですし、お母さんは磯野フネ。魚介系や、磯浜系がありますが船系は珍しいですね。フネさんの旧性は石田でした。魚介系といえば、独身時代のサザエさんにはイカコという親友がいたそうです。

［正解］1

49 娯楽施設

問題49-1

海上交通の守り神として広く信仰される、ヒンズー教のガンジス川の水神を名称の由来とする神社はどこでしょう。

1. 熱田《あつた》神宮　2. 貴船《きぶね》神社　3. 金刀比羅宮《ことひらぐう》　4. 宗像《むなかた》大社

解説

金刀比羅宮《ことひらぐう》

金刀比羅宮は香川県琴平《ことひら》町の琴平山（象頭山《ぞうずさん》）中腹にある神社で、祭神の大物主神《おおものぬしのかみ》は、五穀豊穣《ごこくほうじょう》や産業の繁栄、国の平安をつかさどる神様です。また、主が海の彼方から波間を照らして現れたことと、行宮《あんぐう》を構えた象頭山のふもとが嵐を避けるための良好な入り江であったことから、海上の守護神としても広く信仰を集めています。

往古は琴平神社と称していましたが、中古、本地垂迹説《ほんじすいじゃくせつ》（八百万《やおよろず》の神々は、実は様々な仏が権現《ごんげん》（化身）として日本の地に現れたもの、とする説）の影響を受け、金毘羅《こんぴら》大権現《だいごんげん》と改称しました。金比羅はクンピーラという仏教の権現（元はガンジス川に住むワニの姿をしたヒンズー教の神）に由来します。

その後明治元年に神仏混淆《しんぶつこんこう》が廃止され、いったんは琴平神社に戻りましたが、金比（毘）羅の間に「刀」の字を入れ、金刀比羅宮になりました。

［正解］3

問題49-2

楽しみながら知識が身につく科学館。では、実際には存在しない科学館はどれでしょう。

1. 海の科学館　2. 港の科学館　3. 水の科学館　4. 船の科学館

解説

科学館

全国科学博物館協議会には科学館や博物館、動物園、水族館、植物園、プラネタリウムなど約230の施設が正会員として登録していますが、同協議会に加盟していないものも含めると600以上の施設があります。さまざまな種類の科学館がある中で、「海」や「水」の科学館は全国にいくつかありますが、「港」に限定した科学館はありません。船の科学館は「海と船の文化」をテーマとした海洋博物館として、昭和49年に開設されました。敷地内の専用桟橋には南極観測船〈宗谷〉や青函連絡船〈羊蹄丸〉などの実物が展示されており、館内には精巧な模型、操船シミュレーション等の体験コーナーや、歴史的な関連資料が展示されています。

［正解］2

問題49-3

世界遺産にも登録されている、海の上に社殿があり、海中にあるにもかかわらず、海底に固定していない鳥居がある神社はどこでしょう。

1. 宮島・厳島《いつくしま》神社（広島県）
2. 神戸・海《わたつみ》神社（兵庫県）
3. 伊勢・伊勢神宮（三重県）
4. 出雲《いずも》・出雲大社（島根県）

解説

宮島と厳島神社

広島県廿日市市《はつかいちし》にある宮島（厳島）は、宮城県の松島、京都府の天橋立とともに日本三景として知られています。太古より神の島として人々に崇拝され、島内にはさまざまな神社仏閣が点在します。

厳島神社は推古元年（593年）、地元の豪族であった佐伯鞍職《くらもと》が創建。海上社殿は平安時代の末期、栄華を極めていた平清盛が平家一族の守護と繁栄を願い造営しました。その華麗な容姿は竜宮城や極楽浄土を模したものといわれています。

現在の大鳥居は明治8年に再建されたもので、8代目にあたります。クスノキの巨木製で、最頂部の高さは16.8m。内部に重りを入れるなどして、自重で海底に立っています。JR宮島連絡船の昼間の便は、大鳥居に大接近するため、船上から参拝することができます。

［正解］ 1

50 キャラクター・その他

問題50-1

「つければ浮くぞう、ライフジャケット」のキャッチコピーでおなじみのウクゾウ君。国土交通省のライフジャケット着用啓発用キャラクターとして登場しました。では、ウクゾウ君のモチーフとなった動物は何でしょう。

1. 鯱《しゃち》　2. 象　3. 河馬《かば》　4. 鯨

解説

ウクゾウ君

小型船舶におけるライフジャケットの着用率向上に向けた啓発活動を進めるため、関係機関・団体の連携の場として設けられた「ライフジャケット着用推進会議」によって、平成14年につくられたキャラクターがウクゾウ君です。「重くても沈まない」というビジュアルイメージを、親しみ、安心感のあるゾウで表現しました。毎年3月に開催されているボートショーをはじめ、各地のイベントに登場して、ライジャケ着用の重要性を呼びかけています。

［正解］2

問題50-2

海上保安庁のマスコットとして活躍している「うみまる」と「うーみん」。この兄妹のモチーフとなった動物は何でしょう。

1. タテゴトアザラシ
2. セイウチ
3. オタリア
4. カリフォルニアアシカ

解説

うみまる・うーみん

子供たちをはじめとして、海上保安庁に親しみをもってもらうことを目的に誕生したマスコット「うみまる」と「うーみん」。どちらもタテゴトアザラシの子供で、兄の「うみまる」は平成10年4月10日生まれ、階級は二等海上保安正、身長は約2m、体重約100kgです。一方、妹の「うーみん」は平成14年5月12日生まれで階級は三等海上保安正、身長1m85cm、体重やスリーサイズはナイショだそうです。

［正解］1

問題50-3

漁船でおなじみ、ヤンマーグループのイメージキャラクター「ヤン坊」と「マー坊」。では、この双子の兄弟の見分け方は何でしょう。

1. ほくろの有無
2. もみあげの形
3. 目の大きさ
4. 利き手の違い

解説

ヤン坊マー坊

もみあげが二つに分かれて一方が目のほうに延びているのがヤン坊、分かれていないのがマー坊です。ただし着ているものに「Y」または「M」と描かれていることも多く、それで見分けることもできます。2人は双子で、ヤン坊がお兄さん、マー坊が弟という設定。ヤンマーのホームページには「お兄さんはなにをするのも慎重なタイプ。マー坊は好奇心旺盛ですが、ちょっとアワテモノのイメージです」と紹介されています。このイメージキャラクターを起用した「ヤン坊マー坊天気予報」が最初にテレビで放送されたのは、昭和34年6月。以来50年近く番組は続いていて、ヤン坊マー坊はデザインを変更されながら、おなじみのテーマソングとともに長く愛され続けています。

［正解］2

監修者プロフィール

杉浦昭典（すぎうら あきのり）
昭和3年8月生まれ。
高等商船学校航海科卒。
航海訓練所練習船航海士を経て神戸商船大学教官となり、現在は神戸商船大学名誉教授。
著書／帆船・その艤装と航海（舵社）
　　ロープの結び方(海文堂出版)
　　われら船乗り—海の慣習と伝説—（朝日新聞社）
　　帆船史話（舵社）
　　蒸気船の世紀（NTT出版）など多数

永井 潤（ながい じゅん）
昭和32年11月生まれ。
国立千葉大学工学部卒。
横山 晃（故）舟艇設計室にて修業後、ヨットデザイナーとして独立。
1992年、1995年、2000年にアメリカズカップに挑戦したニッポンチャレンジチームの
技術委員として活躍。
ヨット、モーターボートの試乗レポーターとして専門雑誌に執筆。
財団法人舟艇協会評議員、各委員。

船の文化検定 ふね検 試験問題集

2008年8月10日　第1版　第1刷発行

編　纂　舵社編集部
監　修　船の文化検定委員会
編著協力　(財)日本海洋レジャー安全・振興協会
編集人　田久保 雅己
発行者　大田川 茂樹
発行所　(株)舵社
〒105-0013 東京都港区浜松町1-2-17 ストークベル浜松町
TEL.03-3434-5181(代)
イラスト　内山良治（表紙）、柴田次郎（本文）
装　丁　佐藤和美
印　刷　大日本印刷（株）

ISBN978-4-8072-1124-1